机电专业“十三五”规划教材

单片机应用技术

主　编　张芝雨　毋丽丽　张松枝

副主编　蒋万翔　张　婧　殷永生

黎辉雄　张海涛

主　审　杨富营　宁玉伟

哈尔滨工程大学出版社

Harbin Engineering University Press

内容简介

本书由基于51系列单片机实训项目组成，按照由浅入深，由易到难，由单项到综合的原则编制安排项目，讲述了单片机的引脚功能，端口应用，单片机的三大功能等重要内容以及相关应用问题。本书在内容编排上，注重理论教学和工程实际相结合，力求做到重点突出，实践性强。

本书既可作为应用型本科、职业院校相关专业的教材，也可供从事单片机开发、应用的工程技术人员参考。

图书在版编目（CIP）数据

单片机应用技术 / 张芝雨，毋丽丽，张松枝主编. -- 哈尔滨 : 哈尔滨工程大学出版社，2018.12

ISBN 978-7-5661-2184-4

Ⅰ. ①单… Ⅱ. ①张… ②毋… ③张… Ⅲ. ①单片微型计算机－高等学校－教材 Ⅳ. ①TP368.1

中国版本图书馆 CIP 数据核字（2018）第 293621 号

选题策划 章银武
责任编辑 张 彦
封面设计 赵俊红

出版发行 哈尔滨工程大学出版社
社 址 哈尔滨市南岗区南通大街 145 号
邮政编码 150001
发行电话 0451-82519328
传 真 0451-82519699
经 销 新华书店
印 刷 廊坊市广阳区九洲印刷厂
开 本 787 mm×1 092 mm 1/16
印 张 14
字 数 384 千字
版 次 2018 年 12 月第 1 版
印 次 2023 年 8 月第 2 次印刷
定 价 42.00 元
http：//www.hrbeupress.com
E-mail：heupress@hrbeu.edu.cn

前　言

多年来，MCS51 系列单片机一直是学习单片机技术的主要教学平台。在嵌入式技术高速发展的大环境下，单片机技术课程已经不再是培养电子工程师课程体系的最终环节，单片机的教学要为后续学习嵌入式系统打下良好基础。因此，本书在编写过程中，除了论述 MCS51 单片机的基本原理、系统结构等内容外，还增加了丰富且能够实际演示的单片机应用实例。本书具有以下几个特色。

（1）强调动手实践。实践是学好单片机技术的必经之路。本书详细地介绍了 Keil　μVision 集成开发环境下进行汇编语言程序和 C51 程序开发的过程；书中所有案例程序均在 Keil μVision 环境下调试通过，不是纸上谈兵，而是实战演习。

（2）强调单片机应用系统的软硬件整体设计。本书给出了若干完整的单片机应用系统实例。案例的编写具有完整性、系统性和工程性。所有实例均给出可实施的系统级设计资料，包括完整的可实现电路板布线的硬件电路原理图（并非电路示意图）和完整的 Keil　μVision 环境下调试通过的软件源程序工程代码（并非程序段或伪代码）。

（3）配套资源丰富。本书配有多媒体资料，其中包含电子课件、所有相关例程源代码、习题解答及编程题的程序源代码，并且在程序的关键部分加以注释，既适合作为教材供教师和学生使用，也适合自学使用。

本书由许昌职业技术学院的张芝雨、毋丽丽、张松枝担任主编，由许昌职业技术学院的蒋万翔、张婧，江西应用工程职业学院的殷永生，汨罗市职业中专学校的黎辉雄和许昌中意电气科技有限公司的张海涛担任副主编。其中，项目一、项目二、项目三由张芝雨编写，项目五由张婧编写，项目四和项目八的任务一由蒋万翔编写，项目六和项目八的任务二由张松枝编写，项目七由毋丽丽编写，项目九和项目十由殷永生编写，项目十一由黎辉雄编写，附录和前言由张海涛编写。本书由张芝雨审阅并统稿完成，由许昌职业技术学院的杨富营、宁玉伟教授担任本书主审工作。本书的相关资料和售后服务可扫本书封底的微信二维码或登录 www.bjzzwh.com 下载获得。

本书既可作为应用型本科、职业院校相关专业的教材，也可供从事单片机开发、应用的工程技术人员参考。

本书在编写过程中，难免有疏漏和不当之处，敬请各位专家及读者不吝赐教。

编　者

目 录

项目 1　单灯闪烁控制设计

知识目标

- 掌握单片机概念；
- 了解单片机控制系统执行过程；
- 掌握单片机引脚功能。

能力目标

- 能控制 LED 灯进行点亮；
- 能对单片机控制系统进行分析；
- 能认识单片机引脚。

任务 1　单灯点亮设计

提出任务

使用 AT89S52 单片机、P1.0 引脚接发光二极管（LED）的阴极，通过 C 语言程序控制，从 P1.0 引脚输出低电平，使发光二极管点亮。AT89S52 单片机的电路图如图 1-1 所示。

任务分析

1. 硬件分析

单片机是单片微型计算机（Single Chip Microcomputer）的简称。所谓单片机，通俗地讲，就是把中央处理器（Central Processing Unit，CPU）、存储器（Memory）、定时器、I/O（Input/Output）端口电路等一些计算机的主要功能部件集成在一块集成电路芯片上的微型计算机。单片机特别适合于控制领域，故又称为微控制器 MCU (Micro Control Unit)。

单片机只要和适当的软件及外部设备相结合，便可成为一个单片机控制系统。

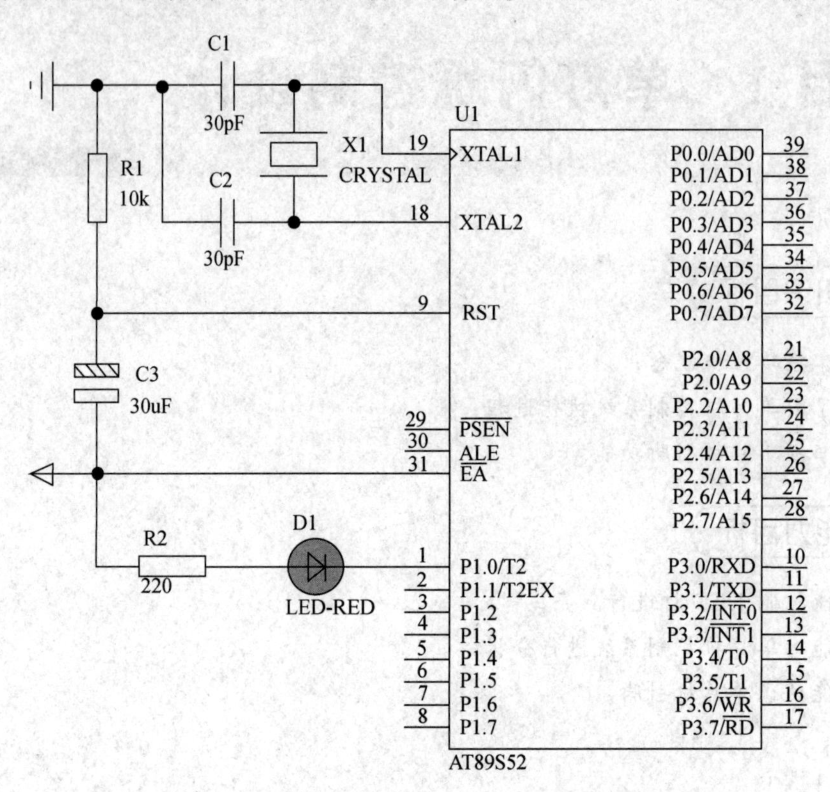

图 1-1　AT89S52 单片机的电路图

2. 软件分析

在图 1-1 中，P1.0 引脚接发光二极管（LED）的阴极，P1.0 引脚输出低电平时，发光二极管点亮。

问题 1：为什么 P1.0 引脚输出低电平，发光二极管点亮？

通过程序控制，使 P1.0 引脚输出低电平，使发光二极管点亮。

问题 2：程序怎么使 P1 口的引脚输出低电平？

下面来看一下程序，就可以找到答案。

3. 源程序编程

```
# include < AT89X52.H>            //包含 AT89X52.H 头文件
sbit LED= P1^0;                  //定义 LED 是 P1.0 引脚对应的变量名
void main (void)
{
    LED= 0;                      //P1.0= 0,LED 点亮
    while(1);
```

}

知识链接

AT89S51 单片机是美国 ATMEL 公司生产的低功耗、高性能 CMOS 8 位单片机，片内含 4k bytes 可系统编程的 Flash 只读程序存储器，器件采用 ATMEL 公司的高密度、非易失性存储技术生产，兼容标准 8051 指令系统及引脚。它集 Flash 程序存储器，既可在线编程（ISP）也可用传统方法进行编程及通用 8 位微处理器于单片芯片中，ATMEL 公司的功能强大，低价 AT89S51 单片机可为您提供许多高性价比的应用场合，可灵活应用于各种控制领域。AT89S51 单片机芯片的引脚图如图 1-2 所示。

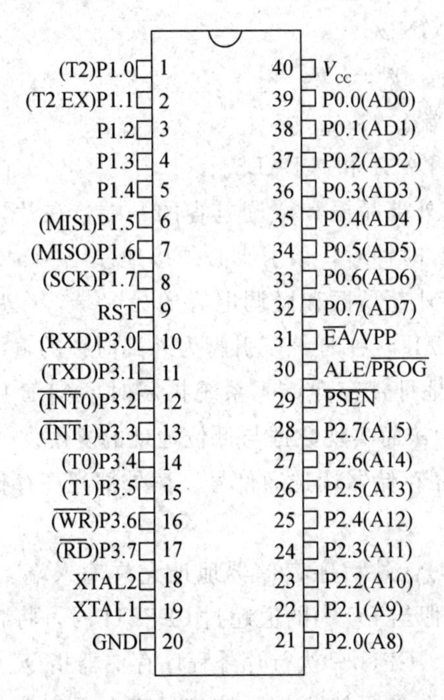

图 1-2　AT89S51 单片机芯片的引脚图

AT89S51 单片机包括 40 个引脚，4k bytes Flash 片内程序存储器，128 bytes 的随机存取数据存储器（RAM），32 个外部双向输入/输出（I/O）口，5 个中断优先级 2 层中断嵌套中断，2 个 16 位可编程定时计数器，2 个全双工串行通信口，看门狗（WDT）电路，片内时钟振荡器。此外，AT89S51 设计和配置了振荡频率可为 0 Hz，并可通过软件设置省电模式。空闲模式下，CPU 暂停工作，而 RAM 定时计数器，串行口，外中断系统可继续工作，掉电模式冻结振荡器而保存 RAM 的数据，停止芯片其他功能直至外中断激活或硬件复位。

（1）8031 CPU 与 MCS－51 兼容。

（2）4k bytes 可编程 FLASH 存储器（寿命：1000 写/擦循环）。

（3）全静态工作：0 Hz～24kHz。

（4）三级程序存储器保密锁定。

（5）128×8位内部RAM。

（6）32条可编程I/O线。

（7）两个16位定时器/计数器。

（8）6个中断源。

（9）可编程串行通道。

（10）低功耗的闲置和掉电模式。

（11）片内振荡器和时钟电路。

1. 引脚功能描述

（1）电源引脚V_{cc}和GND。

V_{cc}（40脚）：电源端，接+5 V。

GND（20脚）：接地端。

（2）时钟电路引脚XTAL1和XTAL2。

XTAL1（19脚）：接外部晶振和微调电容的一端，在片内它是振荡器倒相放大器的输入，若使用外部TTL时钟时，该引脚必须接地。

XTAL2（18脚）：接外部晶振和微调电容的另一端，在片内它是振荡器倒相放大器的输出，若使用外部TTL时钟时，该引脚为外部时钟的输入端。

（3）ALE（30脚）：地址锁存允许。系统扩展时，ALE用于控制地址锁存器锁存P0口输出的低8位地址，从而实现数据与低位地址的复用。

（4）PSEN：外部程序存储器读选通信号。读外部程序存储器的选通信号，低电平有效。

（5）EA/VPP（31脚）：外程序存储器地址允许输入端。当为高电平时，CPU执行片内程序存储器指令，但当PC中的值超过0FFFH时，将自动转向执行片外程序存储器指令。当为低电平时，CPU只执行片外程序存储器指令。

（6）RST（9脚）：复位信号输入端。该信号高电平有效，在输入端保持两个机器周期的高电平后，就可以完成复位操作。

（7）4个I/O端口P0、P1、P2和P3。

P0口（P0.0～P0.7）：P0口是一个8位漏极开路的双向I/O端口。作为输出口，每位能驱动8个TTL逻辑电平。对P0端口写“1”时，引脚用作高阻抗输入。

当访问外部程序和数据存储器时，P0口也被作为低8位地址/数据复用。在这种模式下，P0具有内部上拉电阻。在Flash编程时，P0口也用来接收指令字节；在程序校验时，输出指令字节。程序校验时，需要外部上拉电阻。

P1口（P1.0～P1.7）：它是一个内部带上拉电阻的8位准双向I/O口，P1口的驱动能力为4个LSTTL负载。通常，P1口是提供给用户使用的I/O口。Flash编程和程序校验期间，P1接受低8位地址。同时P1.5、P1.6、P1.7具有第二功能。

P2口（P2.0～P2.7）：P2是一个带内部上拉电阻的8位双向I/O口，P2的输出缓

冲级可驱动（吸收或输出电流）4 个 TTL 逻辑门电路。对端口写“1”，通过内部的上拉电阻把端口拉到高电平，此时可作输入口，作输入口使用时，因为内部存在上拉电阻，某个引脚被外部信号拉低时会输出一个电流（IIL）。在访问外部程序存储器或 16 位地址的外部数据存储器时，P2 口送出高 8 位地址数据。在访问 8 位地址的外部数据存储器时，P2 口线上的内容（也即特殊功能寄存器（SFR）区 P2 寄存器的内容），在整个访问期间不改变。Flash 编程或校验时，P2 亦接收高位地址和其他控制信号。

P3 口（P3.0～P3.7）：P3 口是一组带内部上拉电阻的 8 位双向 I/O 口。P3 端口输出缓冲级可驱动（吸收或输出电流）4 个 TTL 逻辑门电路。对 P3 口写入“1”时，它们被内部上拉电阻拉高并可作为输入端口。作为输入端口时，被外部拉低的 P3 口将用上拉电阻输出电流（IIL）。P3 口还接收一些用于 Flash 闪速存储器编程和程序校验的控制信号。P3 口除了作为一般的 I/O 口线外，更重要的用途是它的第二功能，如表 1-1 所示。

表 1-1　P3 口的第二功能

端口引脚	第二功能
P3.0	RXD（串行输入口）
P3.1	TXD（串行输出口）
P3.2	$\overline{\text{INT0}}$（外中断 0）
P3.3	$\overline{\text{INT1}}$（外中断 1）
P3.4	T0（定时/计数器 0）
P3.6	T1（定时/计数器 1）
P3.6	$\overline{\text{WR}}$（外部数据存储器写选通）
P3.7	$\overline{\text{RD}}$（外部数据存储器读选通）

2. MCS－51 单片机内核

MCS－51 单片机内核采用程序存储器和数据存储器空间分开的结构，均有 64 KB 外部程序和数据的寻址空间。

（1）程序存储器。如果 EA 引脚接地（GND），全部程序均执行外部存储器。在 AT89S51，假如 EA 接至 V_{cc}（电源＋），程序首先执行地址为 0000H～0FFFH（4 KB）的内部程序存储器，再执行地址为 1000H～FFFFH（60 KB）的外部程序存储器。

（2）数据存储器。AT89S51 的具有 128 字节的内部 RAM，这 128 字节可利用直接或间接寻址方式访问，堆栈操作可利用间接寻址方式进行，128 字节均可设置为堆栈区空间。所谓单片机最小系统，是指用最少的元件能使单片机工作起来的一个最基本的组成电路。那么拿到一块单片机芯片，想要使用它，怎么办呢？首先要知道怎样连线。对 51 系列单片机来说，最小系统一般应该包括单片机、晶振电路、复位电路等。同时，单片机要正常运行，还必须具备电源正常、时钟正常、复位正常三个基本条件。以 AT89S51 单片机组成的最小系统图如图 1-3 所示。

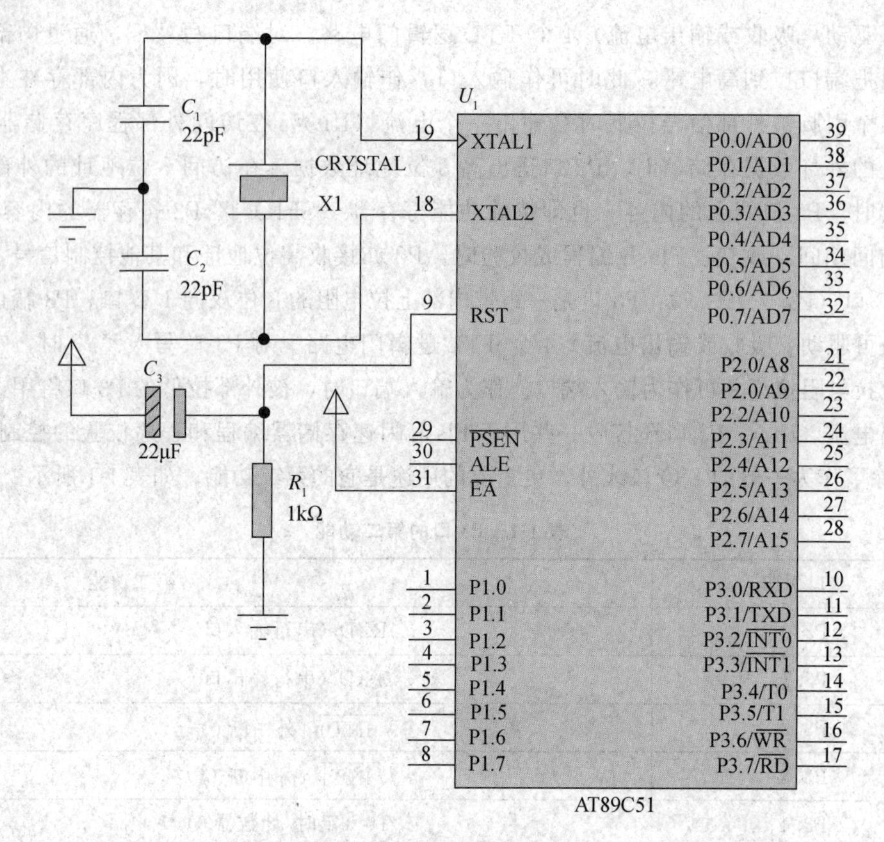

（a）

（b）

图 1-3　AT89S51 单片机组成的最小系统图

（a）电路原理图；（b）实物电路图

电路以单片机 AT89S51 为核心，AT89S51 的 18、19 引脚外接由 C_1、C_2、X1 构成石英晶体振荡电路，9 引脚外接由 C_3、R_1 构成的上电复位电路，加上 20 引脚接地，40 引脚、31 引脚接电源 V_{CC}，这就构成了 AT89S51 单片机的最小系统。通电后单片机就开始工作了。当然没有程序的单片机还是什么工作也没能完成的，只能说是进入工

作准备就绪状态。

（1）电源电路：电源是单片机工作的动力源泉。对应的接线方法：40 脚（V_{CC}）电源引脚，工作时接+5V 电源，20 脚（GND）为接地线。

（2）时钟电路：时钟电路为单片机产生时序脉冲，单片机所有运算与控制过程都是在统一的时序脉冲的驱动下进行的。如果单片机的时钟电路停止工作（晶振停振），那么单片机也就停止运行了。

（3）复位电路：在复位引脚（9 脚）持续出现 24 个振荡器脉冲周期（2 个机器周期）的高电平信号将使单片机复位，此时，一些专用寄存器的状态值将恢复为初始值。

（4）控制引脚 EA 接法。EA/VPP（31 脚）为内、外程序存储器选择控制引脚，当 EA 为低电位时，单片机从外部程序存储器取指令；当 EA 接高电平时，单片机从内部程序存储器取指令。

3. 时钟电路和时序

时钟电路用于产生单片机工作所需要的时钟信号，而时序所研究的是指令执行中各地信号之间的相互关系。单片机本身就如一个复杂的同步时序电路，为了保证同步工作方式的实现，电路应在唯一的时钟信号控制下严格地按时序进行工作。

（1）时钟信号的产生。在 MCS-51 芯片内部有一个高增益相反相放大器，其输入端为芯片引脚 XTAL1，其输出端为引脚 XTAL2。而在芯片的外部，XTAL1 和 XTAL2 之间跨接晶体振荡器和微调电容，从而构成一个稳定的自激振荡器，这就是单片机的时钟电路，如图 1-4 所示。

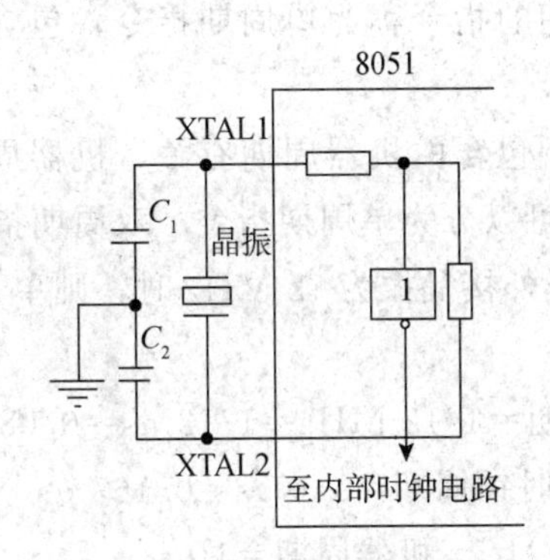

图 1-4　单片机时钟电路图

时钟电路产生的振荡脉冲经过触发器进行二分频之后，才成为单片机的时钟脉冲信号。请读者特别注意时钟脉冲与振荡脉冲之间的二分频关系，否则会造成概念上的错误。

一般电容 C_1 和 C_2 取 30 pF 左右，晶体的振荡频率是 1.2 MHz～12 MHz。晶体振荡频率高，则系统的时钟频率也高，单片机运行速度也就快。MCS-51 在通常应用情况下，使用的振荡频率为 6 MHz 或 12 MHz。

（2）外部脉冲信号。在由多片单片机组成的系统中，为了各单片机之间时钟信号的同步，应当引入唯一的公用外部脉冲信号作为各单片机的振荡脉冲。这时外部的脉冲信号是经 XTAL2 引脚注入，其连接如图 1-5 所示。

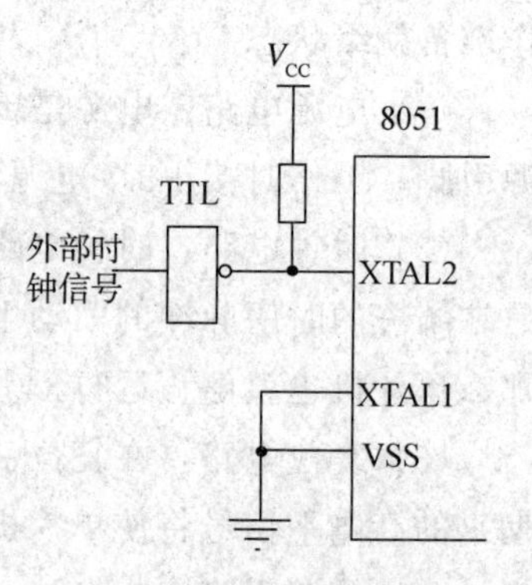

图 1-5　外部时钟源接法

（3）时序。时序是用定时单位来说明的。MCS-51 的时序定时单位共有 4 个，从小到大依次是节拍、状态、机器周期和指令周期。下面分别加以说明。

①节拍与状态。把振荡脉冲的周期定义为拍节（用 P 表示）。振荡脉冲经过二分频后，就是把单片机的时钟信号的周期定义为状态（用 S 表示）。这样，一个状态就包含两个拍节，具前半周期对应的拍节叫拍节 1（P1），后半周期对应的拍节叫拍节 2（P2）。

②机器周期。MCS-51 采用定时控制方式，因此它有固定的机器周期。规定 1 个机器周期的宽度为 6 个状态，并依次表示为 S1～S6。由于 1 个状态又包括两个节拍，因此 1 个机器周期总共有 12 个节拍，分别记作 S1P1，S1P2，…，S6P1，S6P2。由于 1 个机器周期共有 12 个振荡脉冲周期，因此机器周期就是振荡脉冲的十二分频。

当振荡脉冲频率为 12 MHz 时，一个机器周期为 1 μs。

当振荡脉冲频率为 6 MHz 时，一个机器周期为 2 μs。

③指令周期。指令周期是最大的时序定时单位，执行一条指令所需要的时间称为指令周期。它一般由若干个机器周期组成。不同的指令，所需要的机器周期数也不相同。通常，包含 1 个机器周期的指令称为单周期指令，包含 2 个机器周期的指令称为双周期指令等。

指令的运算速度和指令所包含的机器周期有关，机器周期数越少的指令执行速度越快。MCS－51 单片机通常可以分为单周期指令、双周期指令和四周期指令等 3 种。

例如，若 MCS-51 单片机外接晶振为 12 MHz 时，则单片机的四个周期的具体值分别为

$$振荡周期=1/12\ \text{MHz}=1/12\ \mu\text{s}=0.0833\ \mu\text{s}$$

$$时钟周期=1/6\ \mu\text{s}=0.167\ \mu\text{s}$$

$$机器周期=1\ \mu\text{s}$$

$$指令周期=1\sim4\ \mu\text{s}$$

4. 单片机复位

单片机复位是使 CPU 和系统中的其他功能部件都处在一个确定的初始状态，并从这个状态开始工作。无论是在单片机刚开始接上电源时，还是断电后或者发生故障后都要复位。所以，必须弄清楚 MCS-51 型单片机复位的条件、复位电路和复位后状态。

单片机复位的条件：必须使 RST/VPD 或 RST 引脚（9 脚）加上持续 2 个机器周期（即 24 个振荡周期）的高电平。例如，若时钟频率为 12 MHz，每机器周期为 1 μs，则只需 2 μs 以上时间的高电平。在 RST 引脚出现高电平后的第二个机器周期执行复

位。单片机常见的复位电路图如图 1-6 所示。

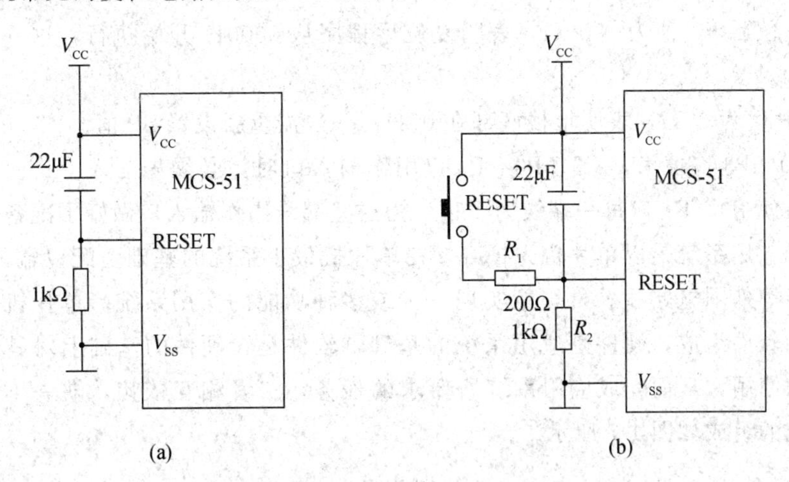

图 1-6　常见的复位电路图

(a) 上电复位电路；(b) 按键复位电路

上电复位电路是利用电容充电来实现的。在接电瞬间，RST 端的电位与 V_{CC} 相同，随着充电电流的减少，RST 的电位逐渐下降。只要保证 RST 为高电平的时间大于 2 个机器周期，便能正常复位。

按键复位电路除具有上电复位功能外，若要复位，只需按图 1-6（b）中的 RESET 键，此时电源 V_{CC} 经电阻 R_1，R_2 分压，在 RST 端产生一个复位高电平。

单片机复位期间不产生 ALE 和 PSEN 信号，即 ALE=1 和 PSEN=1。这表明单片机复位期间不会有任何取指操作。复位后内部各专用寄存器状态如表 1-2 所示。

表 1-2　复位后内部各专用寄存器状态

寄存器	状态	寄存器	状态
PC	0000H	TCON	00H
ACC	00H	TL0	00H
PSW	00H	TH0	00H
SP	07H	TL1	00H
DPRT	0000H	TH1	00H
P0～P3	FFH	SCON	00H
IP	xxx00000H	SBUF	不确定
IE	0xx00000H	PCON	0xxx0000H
TMOD	00H		

注：x 表示无关位。

这里需要注意如下几点。

（1）复位后 PC 值为 0000H，表明复位后程序从 0000H 开始执行，这一点在实训中已介绍。

（2）SP 值为 07H，表明堆栈底部在 07H。一般需重新设置 SP 值。

（3）P0～P3 口值为 FFH。P0～P3 口用作输入口时，必须先写入“1”。单片机在复位后，已使 P0～P3 口每一端线为“1”，为这些端线用作输入口做好了准备。

单片机应用系统是以单片机为核心，在单片机最小系统的基础上配以输入、输出、显示、控制等外围电路和软件，能实现一种或多种功能的实用系统。单片机应用系统是由硬件和软件组成，硬件是应用系统的基础，软件是在硬件的基础上对其资源进行合理调配和使用，从而完成应用系统所要求的任务，二者相互依赖，缺一不可。单片机应用系统的组成如图 1-7 所示。

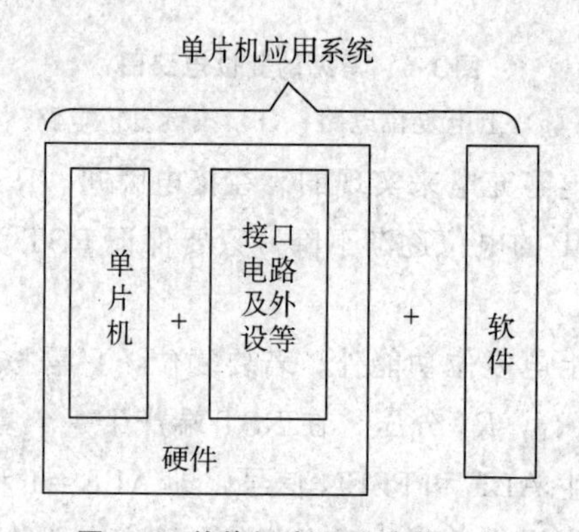

图 1-7　单片机应用系统的组成

由此可见，单片机应用系统的设计人员必须从硬件和软件两个角度来深入了解单片机，并能够将二者有机结合起来，才能形成具有特定功能的应用系统或整机产品。

任务实施

（1）绘制出电路原理图。

（2）根据下列参考程序编写出正确的程序。

（3）运用仿真软件最终仿真出结果。

```
# include < AT89X52. H>              //包含 AT89X52. H 头文件
sbit LED= P1^0;                      //定义 LED 是 P1.0 引脚对应的变量名
void main (void)
{
    LED= 0;                          //P1. 0= 0,LED 点亮
    while(1);
}
```

任务2　单灯闪烁控制设计

提出任务

用单片机的 P1.0 控制一只 LED 灯，使其闪烁，变化间隔一段时间。

任务分析

1. 硬件分析

如图 1-7 所示，注意单片机最小系统的连接方式。按照图 1-8 在仿真软件上绘制出正确的电路原理图。

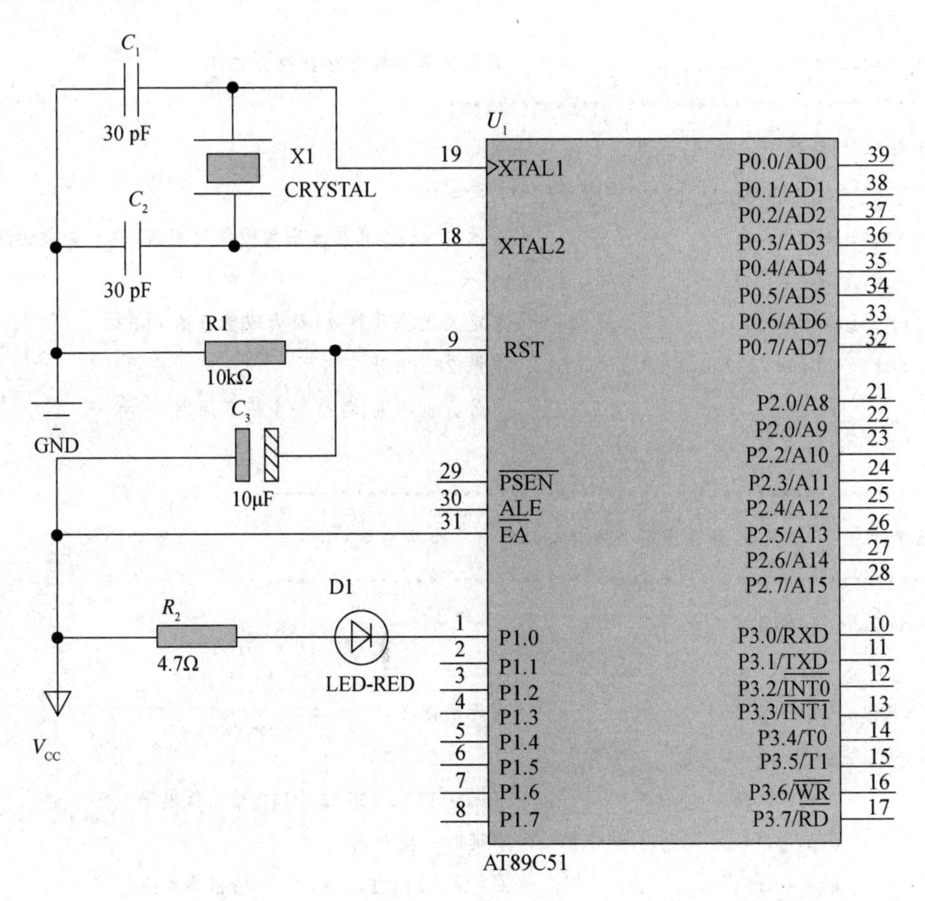

图 1-8　电路原理图

2. 软件分析

如图 1-9 所示，根据流程图编写出相应的 C 语言程序。

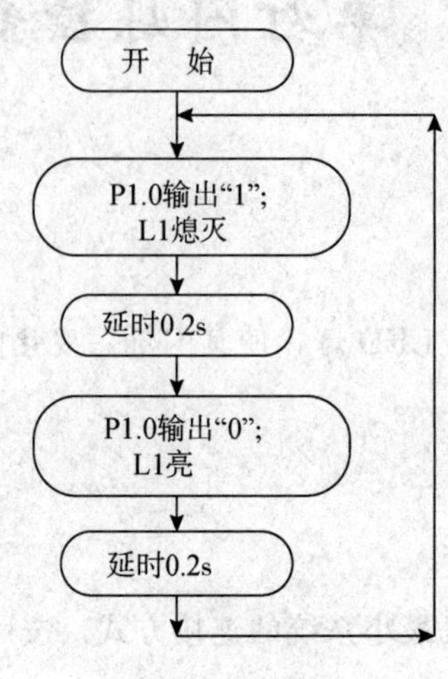

图 1-9 流程图

```
# include< reg51.h>                    //包含单片机寄存器的头文件
/****************************************
函数功能:延时一段时间
**************************************** /
void delay(void)                       //两个 void 意思分别为无须返回值,没有参数传递
{
  unsigned int i;                      //定义无符号整数,最大取值范围 65535
  for(i= 0;i< 20000;i+ + )             //做 20000 次空循环
       ;                               //什么也不做,等待一个机器周期
}
/*****************************************************
函数功能:主函数(C 语言规定必须有也只能有 1 个主函数)
***************************************************** /
void main(void)
{
  while(1)                             //无限循环
    {
      P1= 0xfe;                        //P1= 1111 1110B,P1.0 输出低电平
      delay();                         //延时一段时间
      P1= 0xff;                        //P1= 1111 1111B,P1.0 输出高电平
      delay();                         //延时一段时间
    } }
```

3. 仿真结果

正确的仿真结果如图 1-10 所示。

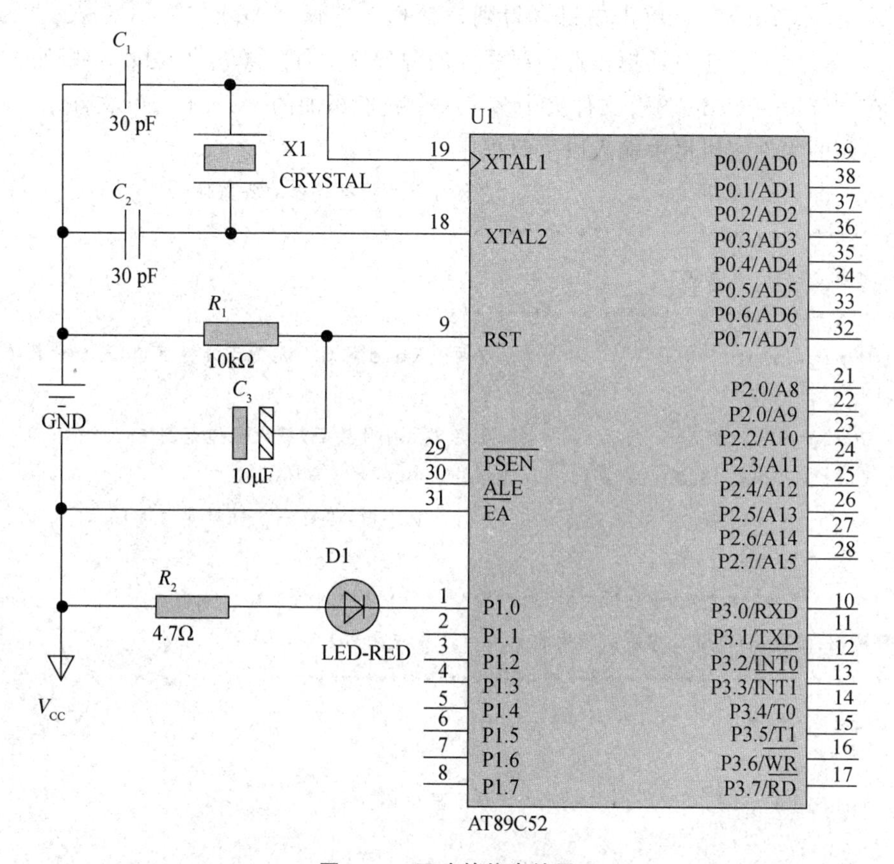

图 1-10　正确的仿真结果

知识链接

1. 运行 Keil C51 编辑软件的步骤

运行 keil C51 编辑软件的步骤如下。

(1) 建立一个新的工程项目。单击“Project”菜单，在弹出的下拉菜单中选中“New Project”选项。

(2) 保存工程项目。选择要保存的文件路径，输入工程项目文件的名称，如保存的路径为 C51 文件夹，工程项目的名称为 C51，单击保存。

(3) 为工程项目选择单片机型号。在弹出的对话框中选择需要的单片机型号，这里选择 51 核单片机中使用较多的 89S51，选定型号后，单击确定。

(4) 新建源程序文件。单击“File”菜单，选择下拉菜单中的“New”选项。

(5) 保存源程序文件。单击“File”菜单，选择下拉菜单中的“Save”选项，在弹出的对话框中选择保存的路径及源程序的名称。

(6) 为工程项目添加源程序文件。在编辑界面中，单击“Target”前面的“+”，再在“Source Group”上单击右键，得到对话框，选择“Add File to Group‘Source Group 1’”，弹出相应对话框，选中要添加的源程序文件，单击“Add”，得到新界面，同时，在“Source Group 1”文件夹中多了一个我们添加的“Text1. c”文件。

在界面的文件编辑栏中输入以下源程序：

```
# include< reg51. h>                  //包含单片机寄存器的头文件
/****************************************
函数功能:延时一段时间
**************************************** /
void delay(void)                     //两个 void 意思分别为无须返回值,没有参数传递
{
    unsigned int i;                  //定义无符号整数,最大取值范围 65535
    for(i= 0;i< 20000;i+ + )         //做 20000 次空循环
        ;                            //什么也不做,等待一个机器周期
}
/*******************************************************
函数功能:主函数(C 语言规定必须有也只能有 1 个主函数)
******************************************************* /
void main(void)
{
    while(1)                         //无限循环
    {
        P1= 0xfe;                    //P1= 1111 1110B,P1. 0 输出低电平
        delay();                     //延时一段时间
        P1= 0xff;                    //P1= 1111 1111B,P1. 0 输出高电平
        delay();                     //延时一段时间
    } }
```

源程序输入完成后，保存。程序中的关键字以不同的颜色提示用户加以注意，这就是事先保存待编辑的文件的好处，即 Keil C51 会自动识别关键字。

(8) 编译调试源程序。单击“Project”菜单，在弹出的下拉菜单中选中“Built Target”选项，再单击“Debug”菜单，在弹出的下拉菜单中选中“Start/Stop Debug Session”选项，编译成功后，再单击“Debug”菜单，在弹出的下拉菜单中选中“Go”选项，进行源程序调试。

(9) 查看分析结果。单击“Debug”菜单，在弹出的下拉菜单中选中“Stop Running”选项，单击“View”菜单，在弹出的下拉菜单中选中“Serial Windows ＃1”选项，可以看到程序运行的结果。

(10) 生成 Hex 代码文件。将编译调试成功的源程序生成可供单片机加载的 Hex

代码文件，单击“Project”菜单，在弹出的下拉菜单中选中“Options for Target ‘Target 1’”选项，在弹出的对话框中单击Output选项，选中其中的“Create HEX File”项。

Keil μ Vision2的界面介绍：在μVision2中，用户可通过键盘或鼠标选择开发工具的菜单命令、设置和选项，也可使用键盘输入程序文本，μVision2屏幕提供一个用于命令输入的菜单，一个可迅速选择命令按钮的工具条和一个或多个源程序窗口对话框及显示信息，使用工具条上的按钮可快速执行μVision2的许多功能。μVision2可同时打开和查看多个源文件，当在一个窗口写程序时可参考另一个窗口的头文件信息，通过鼠标或键盘可移动或调整窗口大小，μVision2集成环境。

2. μVision2菜单命令

可以用菜单条上的下拉菜单和编辑器命令控制μVision2的操作，可使用鼠标或键盘选取菜单条上的命令。菜单条提供文件操作、编辑操作、项目保存、外部程序执行、开发工具选项、设置窗口选择及操作和在线帮助等功能。

(1) 文件菜单（File）。μVision2文件菜单项命令、工具条图标、默认的快捷键以及它们的描述。

(2) 编辑菜单（Edit）。μVision2编辑菜单项命令、工具条图标、默认的快捷键以及它们的描述。

(3) 视图菜单（View）。μVision2视图菜单项命令以及它们的描述。

(4) 工程菜单（Project）。μVision3工程菜单项命令以及它们的描述。

(5) 调试菜单（Debug）。μVision3调试菜单项命令、工具条图标、默认的快捷键以及它们的描述。

(6) 外围器件菜单（Peripherals）。μVision3外围器件菜单项命令、工具条图标以及它们的描述。针对不同的6CPU，菜单的内容有时也不同，根据CPU，菜单还有A/D转换等其他功能。

(7) 工具菜单条（Tools）。利用工具菜单条可以配置运行Gimpel、Siemens Easy-Case和用户程序，通过Customize Tools Menu菜单可以添加想要添加的程序。

3. 文件名称保存

在保存文件时，工程项目的名称可以是中文，后面不需要加扩展名；而保存源程序文件时，不能用中文命名，且需要加扩展名：用C程序编写的，扩展名是“.C”，用汇编程序编写的，扩展名是“.ASM”。工程项目文件和源程序文件必须保存在同一路径文件目录下。

4. 编译结果的查看

源程序经过编译调试成功后，分析时需要对结果进行查看：

(1) 打印或输出类型的结果，在“View”菜单，在弹出的下拉菜单中的“Serial Windows ＃1”选项。

（2）内存的数据结果，在存储器窗口中：在“View”菜单，在弹出的下拉菜单中的“Memory Windows”选项。

注意：在存储器窗口中可以显示系统中各种内存中的值，通过在 Address 后的编辑框内输入“字母：数字”即可显示相应内存值，其中字母可以是 C、D、I、X，分别代表程序存储空间（ROM）、直接寻址的片内存储空间（内 RAM）、间接寻址的片内存储空间、扩展的外部 RAM 空间（外 RAM），数字代表想要查看的地址。

使用 Keil C51 软件来编译调试源程序大致分为以下几步：

（1）建立一个新的工程项目；

（2）建立源程序文件并输入保存；

（3）将源程序文件添加到工程项目中；

（4）编译调试源程序，生成 Hex 代码文件。

在 51 系列单片机的学习与开发过程中，Keil C51 软件是程序设计开发的平台，不能直接地进行单片机的硬件仿真。如果将 keil C51 软件和 Proteus 软件有机结合起来，那么 51 系列单片机的设计与开发将在软硬件仿真上得到完美的结合。

任务实施

（1）绘制出电路原理图。

（2）根据下列参考程序编写出正确的程序。

（3）运用仿真软件最终仿真出结果。

```
# include< reg51.h>                    //包含单片机寄存器的头文件
/****************************************
函数功能:延时一段时间
**************************************** /
void  delay(void)                      //两个 void 意思分别为无须返回值,没有参数传递
{
 unsigned  int  i;                     //定义无符号整数,最大取值范围 65535
 for(i= 0;i< 20000;i+ + )              //做 20000 次空循环
      ;                                //什么也不做,等待一个机器周期
}
/*******************************************************
函数功能:主函数(C 语言规定必须有也只能有 1 个主函数)
******************************************************* /
void main(void)
{
    while(1)                           //无限循环
    {
        P1= 0xfe;                      //P1= 1111 1110B,P1.0 输出低电平
```

```
    delay();                        //延时一段时间
    P1= 0xff;                       //P1= 1111 1111B,P1.0输出高电平
    delay();                        //延时一段时间
} }
```

项目习题

（1）什么是单片机？其应用在哪些领域？

（2）AT89S51有多少个引脚？简述各引脚的功能。

（3）单片机应用系统是什么？

项目 2 LED 广告灯设计

知识目标

- 单片机 I/O 端口及端口的基本应用；
- 单片机 C 语言的基本结构及设计方法；
- 程序对单片机端口的控制方法。

能力目标

- 能根据设计任务要求编制程序流程图，理解程序对发光二极管的控制原理；
- 会绘制流水广告灯电路原理图；
- 会用 Keil C51 软件对源程序进行编译调试及与 Protues 软件联调，实现电路仿真。

任务 1 流水广告灯的设计

广告灯是一种常见的装饰，常用于街上的广告及舞台装饰等场合。最简单的流水广告灯就是各个灯依次发光。本任务利用 AT89S51 单片机来实现这一功能。

提出任务

用 AT89S51 的 P1 口做输出口，接 8 只发光二极管 D1、D2、D3、D4、D5、D6、D7、D8，编写程序，使发光二级管循环点亮，时间间隔为 0.2 s，即刚开始时 D1 点亮，延时 0.2 s 后，接着是 D2 点亮，接着依次点亮 D3、D4、D5、D6、D7、D8，然后再点亮 D7、D6、D5、D4、D3、D2、D1，重复循环。

任务分析

1. 硬件电路设计

电路组成：这里选择具有内部程序存储器的 AT89S51 单片机作为控制电路，其 P1 口接 8 个发光二极管（LED）和 8 个限流电阻，硬件电路原理图如图 2-1 所示。

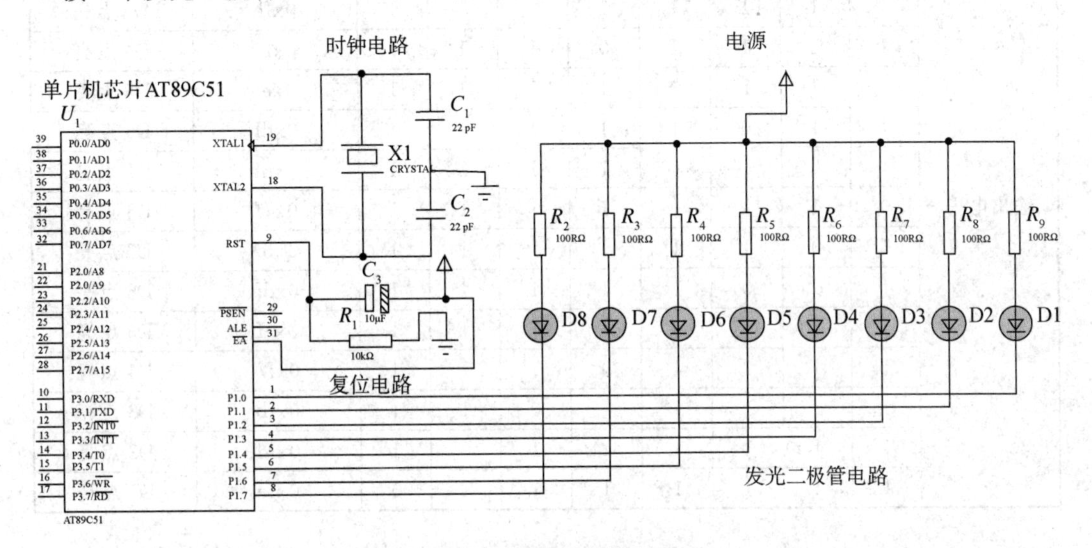

图 2-1　硬件电路原理图

电路分析：要使 LED 点亮，则 P1 口的对应端子输出低电平，即 P1. 0＝0 时，D1 亮。一般情况下，驱动 LED 的电流约 10 mA 左右，而 LED 本身的压降为 2 V。当 P1. 0 输出为低电平时，输出电压为 0 V，则流经 D1 的电流为 0mA，为了在仿真实验中让 LED 更亮一些，在这里取限流电阻为 100 Ω。相反，当 P1. 0 输出为高电平时，输出电压为 5 V，则流经 D1 的电流为 0 mA，D1 不亮（熄灭），即 P1. 0＝1 时，D1 不亮（熄灭）。

2. 软件设计思路

P1 口输出电平分析。在图 2-1 中，P1 口的每一位都接有一个 LED，要实现流水灯功能，就是要让各个 LED 依次点亮一段时间，再熄灭一段时间，然后再点亮下一个 LED 一段时间，然后再熄灭一段时间，如此循环。换句话说，就是让 P1 口周而复始地输出高电平和低电平，要实现这一功能，最简单和最直接的方法是依次将数据送往 P1 口，每送一个数据延时一段时间。根据上述分析，列出一个功能表，如表 2-1 所示。

表 2-1 任务分析功能表

发光二极管	D8	D7	D6	D5	D4	D3	D2	D1	P1 口输出（16 进制）	功能说明
P1 口	P1.7	P1.6	P1.5	P1.4	P1.3	P1.2	P1.1	P1.0		
输出电平	1	1	1	1	1	1	1	0	0xfe	D1 点亮
	1	1	1	1	1	1	0	1	0xfd	D2 点亮
	1	1	1	1	1	0	1	1	0xfb	D3 点亮
	1	1	1	1	0	1	1	1	0xf7	D4 点亮
	1	1	1	0	1	1	1	1	0xef	D5 点亮
	1	1	0	1	1	1	1	1	0xdf	D6 点亮
	1	0	1	1	1	1	1	1	0xbf	D7 点亮
	0	1	1	1	1	1	1	1	0x7f	D8 点亮
	1	0	1	1	1	1	1	1	0xbf	D7 点亮
	1	1	0	1	1	1	1	1	0xdf	D6 点亮
	1	1	1	0	1	1	1	1	0xef	D5 点亮
	1	1	1	1	0	1	1	1	0xf7	D4 点亮
	1	1	1	1	1	0	1	1	0xfb	D3 点亮
	1	1	1	1	1	1	0	1	0xfd	D2 点亮
	1	1	1	1	1	1	1	0	0xfe	D1 点亮

从表 2-1 可以看出，要实现设计任务功能，P1 口输出的 8 个数据分别是 11111110B、11111101B、11111011B、11110111B、11101111B、11011111B、10111111B、011111111B，转化成十六进制分别是 0xfe、0xfd、0xfb、0xf7、0xef、0xdf、0xbf 和 0x7f。送完这 8 个数据后再反过来送 011111111B、10111111B、11011111B、11101111B、11110111B、11111011B、11111101B、11111110B，转化成十六进制分别是 0x7f、0xbf、0xdf、0xef、0xf7、0xfb、0xfd 和 0xfe。送完后从头开始循环。

如何采用单片机 C 语言编程实现数据从输出 P1 口呢？从这些数据来看，有这么一个规律，D1 至 D8 依次点亮时，就是数据中的二进制 0 的位置依次往左移动了 1 位，D8 至 D1 依次点亮时，就是数据中的二进制 0 的位置依次往右移动 1 位。在单片机 C51 中，要直接实现数据的这种计算是不容易的，如果将数据的所有二进制取反后，D1 至 D8 依次点亮时的数据就变成了：0x01、0x01、0x04、0x08、0x10、0x20、0x40、0x80，也就是后一个数是在前一个数的基础上乘 2（或者直接左移 1 位）。

根据前面分析，实现任务的思路是：程序开始时，给某一个变量赋初始值 0x01，并从端口输出反码，延时一段时间后，让显示变量左移 1 位，再次输出反码并延时，直到输出所有左移数据为止，接下来就实现右移数据输出完毕，再次重复整个过程。

延时程序编写。单片机程序的延时有两种，一种是软件延时，一种是硬件延时，在这里我们重点讨论软件延时。当系统加电后，单片机就开始工作，按照设计的程序开始运行（也称执行指令）。单片机执行一条指令要花一定的时间，那么单片机执行一

条指令的执行时间成为指令周期。指令周期是以机器周期为单位的。MCS－51 单片机规定，一个机器周期为单片机振荡器的 12 个振荡周期。如果单片机时钟电路中的晶振频率为 12 MHz，则一个机器周期为 1 μs。

单片机的指令运行速度是很快的，要想在端口获得一定的延时时间，就要编写程序，使单片机运行设计程序产生时间延迟。

任务中要求获得 0.2 s 的时间长度，当单片机的指令周期是 1 μs 时，0.2 s 就是 1 μs 的 200 000 倍。在程序编写中常用循环语句来完成计数和时间延迟，从而获得需要的延时时间。

采用单片机 C 语言编写的一个 0.2 s 延时程序如下：

```
void delay02s(void)                  //定义延时 0.2s 函数
{
  unsigned char i,j,k;               //声明 3 个无符号字符型变量 i、j、k
  for(i= 2;i> 0;i- - )               //外循环 2 次,每次约 0.1s,延时 0.2s
    {for(j= 200;j> 0;j- - )          //外循环 200 次,每次约 0.5ms,延时 0.1s
    {
    for(k= 250;k> 0;k- - )           //内循环 250 次,每次约 2 μs,延时 05ms
    {;}                              //里面的循环的循环体什么也不做,但每次循环延时
                                       2 μs
    }
  }
}
```

上述程序可以简化为

```
void delay02s(void)
{
  unsigned char i,j,k;
    for(i= 2;i> 0;i- - )
    for(j= 200;j> 0;j- - )
    for(k= 250;k> 0;k- - );
}
```

整个子程序延时：2μs×250×200×2＝200 000μs＝0.5 s

3. 源程序编写

源程序代码如下。

```
                                     //lsd4- 1.c
#  include "reg51.h"                 //包含头文件
# define uchar unsigned char         //定义 uchar 为无符号数据类型
void delay02s(void)                  //延时 0.2s 函数
  {
    unsigned char i,j,k;
```

```
        for ( i= 2;i> 0;i- - )
  for (j= 200;j> 0;j- - )
        for (k= 250;k> 0;k- - );
  }
void main (void)                        //主函数

{
  uchar i,j;                            //定义变量
  while (1)                             //死循环
  {
j= 0x01;                                //j初始化为0x01,左移初始值
  for(i= 0;i< 8;i+ + )                  //for循环语句,完成8个循环
    {
    P1= ~ j;                            //对变量j中的值按位取反后,从P1口输出
    delay02s( );                        //延时0.2s
    j=  j< < 1;                         //左移1位
    }
    j= 0x80;                            //设置右移初始值j为0x80
  for (i= 0;i< 8;i+ + )


{
    P1=  ~  j;
    delay02s();
          j= j> > 1;                    //右移1位
          }
        }
      }
```

```
# include < AT89X51. H> 循环左移语句应用
# include< intrins. h>
unsigned char temp;

void delay(void)
{
    unsigned char m,n,s;
    for(m= 2;m> 0;m- - )
    for(n= 200;n> 0;n- - )
```

```
    for(s= 250;s> 0;s- - );
}

void main(void)
{
    temp= 0xfe;
    while(1)
    {
        delay();
        temp= _crol_(temp,1);
        P0= temp;
    }
}
```

4. 程序调试与电路仿真

（1）运行 C 语言编辑软件，在编辑区中输入上面的源程序，并以“lsd4-1. c”为文件名存盘。

（2）运行 Keil C51，然后建立一个“lsd4-1. uv2”的工程项目。把源程序文件“lsd4-1. c”添加到工程项目中，进行编译，得到目标代码文件“lsd4-1. hex”。

（3）运行 Proteus，在编辑窗口中绘制如图 2-2 所示的电路图并存盘，然后选中单片机 AT89S51，左键点击 AT89S51，出现如下图所示的对话框，在 Program File 后面的“ ”按钮，找到刚才编译好的“lsd4-1. hex”文件，然后点击“OK”就可以进行仿真了。点击模拟调试按钮的运行按钮，进入调试状态。此时可看到 D1 点亮，延时 0. 2 s 后，接着是 D2 点亮，接着依次点亮 D3、D4、D5、D6、D7、D8，然后再点亮 D7、D6、D5、D4、D3、D2、D1，重复循环。

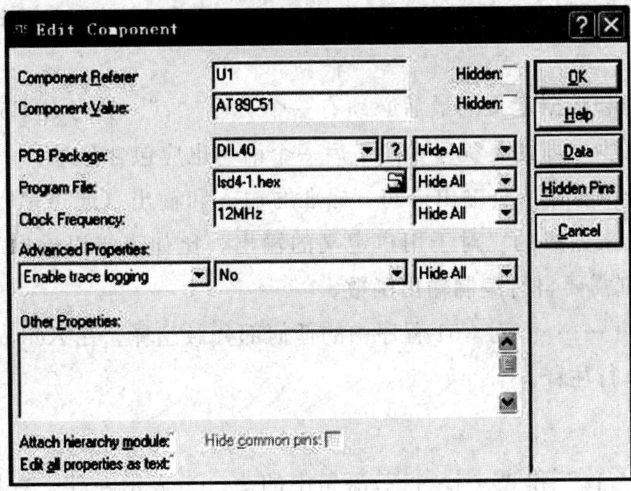

图 2-2　绘制电路图盘

知识链接

1. “文件包含”处理

程序“lsd3-1. c”中的第一行＃ include“reg51. h”是一个“文件包含”处理。所谓“文件包含”是指一个文件将另外一个文件的内容全部包含进来。这里程序中包含“reg51. h”文件的目的是为了要使用P1这个符号，即通知C编译器，程序中所写的P1是指AT89S51单片机的P1端口而不是其他变量。

2. 单片机某个引脚的符号表示

以P1.0引脚为例。在C语言里，如果直接写P1.0，C编译器并不能识别，而且P1.0也不是一个合法的C语言变量名，所以得给它另起一个名字，这里起的名为P1 _ 0。C编译器可需要把P1 _ 0和P1.0建立联系，这里使用了C51的关键字sbit来定义，如：

```
sbit P1_0= P1^0;                    //定义用符号 P1_0 来表示 P1.0 引脚,也可以用其他的
                                      符号来表示。
```

3. C51程序的结构特点

C51程序的结构特点如下。

(1) C51程序是由函数构成的。函数是C51程序的基本单位。

(2) 一个函数由两部分组成：

①函数说明部分。它包括函数名、函数类型、函数属性、函数参数（形参）名、形式参数类型。一个函数名后面必须跟一个圆括号，函数参数可以没有，如main ()。

②函数体。即函数说明下面的大括号之内的部分。

(3) 一个C51程序总是从main函数开始执行，而不论main函数在整个程序中所处的位置如何。

(4) C51程序书写格式自由，一行内可以写几个语句，一个语句可以分写在几行上。

(5) 每个语句和数据定义的最后必须有一个分号“;”。分号是C51语句的必要组成部分。分号不可少，即使是程序中的最后一个语句也应包含分号。

(6) C51本身没有输入、输出语句。标准的输入和输出（通过串行口）是由scanf和printf等库函数来完成的。对于用户定义的输出，比如直接以输出端口读取键盘输入和驱动LED，则需要自行编制输出函数。

(7) 可以用/＊……＊/对C51程序中的任何部分做注释。在Keil μVision 2中，还可以使用//进行单行注释。

4. 位运算符

程序中“j=j≪1;”和“j=j≫1;”语句中的≪、≫表示左移、右移运算符。表明将j中的值左移、右移1位，得到新的数值后，再将该值赋给j。

任务实施

（1）绘制出电路原理图。

（2）根据下列参考程序编写出正确的程序。

（3）运用仿真软件最终仿真出结果。

```
#  include "reg51.h"                  //包含头文件
# define uchar unsigned char          //定义 uchar 为无符号数据类型
void delay02s(void)                   //延时 0.2s 函数
  {
    unsigned char i,j,k;
        for ( i= 2;i> 0;i- -  )
  for(j= 200;j> 0;j- - )
        for (k= 250;k> 0;k- -  );
  }
void main (void)                      //主函数

{
  uchar i,j;                          //定义变量
  while (1)                           //死循环
{
j= 0x01;                              //j 初始化为 0x01,左移初始值
  for(i= 0;i< 8;i+ + )                //for 循环语句,完成 8 个循环
    {
    P1= ~ j;                          //对变量 j 中的值按位取反后,从 P1 口输出
    delay02s();                       //延时 0.2s
    j= j< < 1;                        //左移 1 位
    }
    j= 0x80;                          //设置右移初始值 j 为 0x80
  for (i= 0;i< 8;i+ + )


 {
    P1= ~ j;
    delay02s();
          j= j> > 1;                  //右移 1 位
          }
        }
      }
```

任务2　花样广告灯设计

提出任务

如图 2-1 所示，编写程序使发光二极管按时间依次显示出规定的花样，但其对于控制的显示数据之间没有规律，不能通过计算的方式得到。

任务分析

1. 花样广告灯设计的程序

由于本任务中是按时间变化依次控制 LED 亮、灭，可以采用与流水广告灯的思路来完成程序的编写，但显示花样所对应的数据的变化不一定有规律，不能采用变量直接计算的方式实现前后数据的变化。因此，在这里采用查表法来实现。

将广告灯显示的图案所对应的端口输出数据依次编写为一张数据表，表中每个数值中为 0 的位表示对应的广告灯亮，数据为 1 的位表示对应的广告灯灭。将这张数据表放在程序中，以数组的形式存储，在使用时依次读出组中的元素就得到需要的数据，实现了数据的无规律变化，并且数组存储的数据可以较多，能实现的花样变化也可以复杂。

在 C51 中要进行复杂计算，也可以采用数组的方式来实现，如一个周期正弦值的计算，可以先将这些列在表中，需要时查表读出，这就是查表法。

将用于点亮广告灯的数据入在数组中，让程序依次读这数组中的数据，并将数据送到端口，控制广告灯的点亮就实现了任意规律变化广告的控制。假设有 N 个数据，当程序读完 N 个数据后，又从头开始读数，具体的程序流程图如图 2-3 所示。

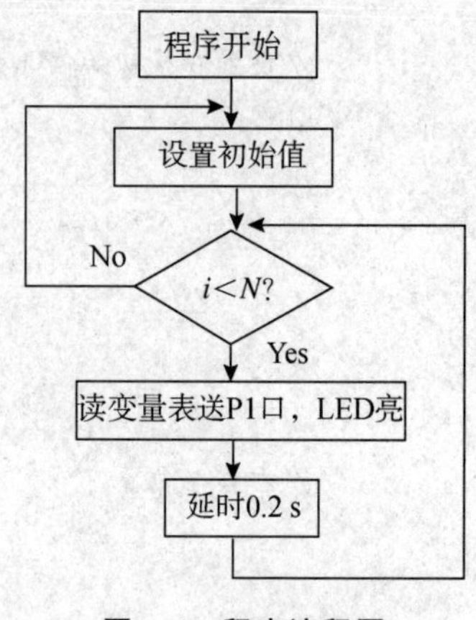

图 2-3　程序流程图

2. 源程序编写

源程序代码如下。

```
/* 文件名 lsd4- 2.c* /
# include "reg51.h"                    //包含头文件
# define uchar unsigned char           //设置变量类型
uchar discode[8]= {0x7e,0xbd,0xdb,0xe7,0xdb,0xbd,0x7e,0xff};
                                       //定义显示花样数据的数组
void delay02s(void)                    //延时时间
{
unsigned char i,j,k;
for(i= 2;i> 0;i- - )


for(j= 200;j> 0;j- - )
for(k= 250;k> 0;k- - );
}

void main(void)                        //主函数
{
uchar i;                               //定义变量
while(1)
{
for(i= 0;i< 8;i+ + )                   //循环 8 次
{
P1= discode[i];                        //将数组 discode 中的第 i 个数据取出来,赋给 P1 口
                                         输出
delay05s();
}
}
}
```

3. 程序调试与电路仿真

同任务 1，在此不再重复。仿真效果如图 2-4 所示。

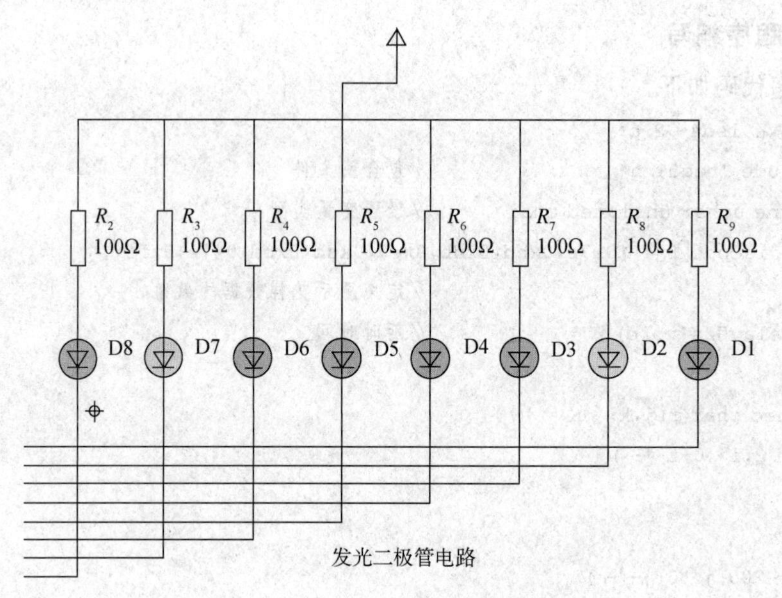

图 2-4　程序运行中的一种仿真效果

1. C51 数据类型——char

char 类型的长度是一个字节，通常用于定义处理字符数据的变量或常量。分无符号字符类型 unsigned char 和有符号字符类型 signed char，默认值为 signed char 类型。

unsigned char 类型用字节中所有的位来表示数值，可以表达的数值范围是 0～255。signed char 类型用字节中最高位字节表示数据的符号，“0”表示正数，“1”表示负数，负数用补码表示。所能表示的数值范围是－128～＋127。unsigned char 常用于处理 ASCII 字符或用于处理小于或等于 255 的整型数。

注意：正数的补码与原码相同，负二进制数的补码等于它的绝对值按位取反后加 1。

2. 一维数组

所谓数组就是指具有相同数据类型的变量集，并拥有共同的名字。数组中的每个特定元素都使用下标来访问。数组由一段连续的存储地址构成，最低的地址对应第一个数组元素，最高的地址对应最后一个数组元素。

一维数组的说明格式是：

```
类型　变量名[长度];
```

类型是指数据类型，即每一个数组元素的数据类型，包括整数型、浮点型、字符型、指针型以及结构和联合。例如，程序中的 uchar discode [8]。

说明：数组都是以 0 作为第一个元素的下标，因此，当说明一个 uchar discode [8]（uchar 即 unsigned char）的无符号字符数组时，表明该数组有 8 个元素，discode [0] ～

discode [7]，一个元素为一个无符号字符变量。

任务实施

（1）绘制出电路原理图。

（2）根据下列参考程序编写出正确的程序。

（3）运用仿真软件最终仿真出结果。

```
# include "reg51.h"                    //包含头文件
# define uchar unsigned char          //设置变量类型
uchar discode[8]= {0x7e,0xbd,0xdb,0xe7,0xdb,0xbd,0x7e,0xff};
                                      //定义显示花样数据的数组
void delay02s(void)                   //延时时间
{
unsigned char i,j,k;
for(i= 2;i> 0;i- - )

for(j= 200;j> 0;j- - )
for(k= 250;k> 0;k- - );
}

void main(void)                       //主函数
{
uchar i;                              //定义变量
while(1)
{
for(i= 0;i< 8;i+ + )                  //循环 8 次
{
P1= discode[i];                       //将数组 discode 中的第 i 个数据取出来,赋给 P1 口
                                        输出
delay05s();
}
}
}
```

项目习题

1. 使用循环语句完成广告灯设计会不会更简便呢？试着编写程序并仿真出结果。
2. 完成实训室工单。

项目 3　按键识别的设计

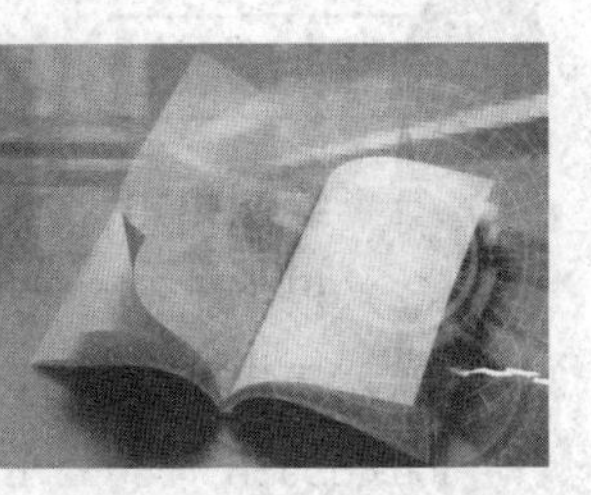

知识目标

- 了解按键的特性及消抖方法；
- 了解对单片机输入信号的方法及处理；
- 了解矩阵式键盘控制原理；
- 掌握单片机外部中断设置及应用。

能力目标

- 会正确连接单片机按键电路；
- 编写键盘输入程序；
- 会用矩阵键盘实现单片机控制；
- 会利用外部中断实现对单片机的控制。

任务 1　单键控制 LED 的设计

提出任务

如图 3-1 所示，监视开关 K1（接在 P3.0 端口上），用发光二极管 L1（接在单片机 P1.0 端口上）显示开关状态，如果开关合上，L1 亮，开关打开，L1 熄灭。

任务分析

1. 硬件分析

自行绘制电路原理图

（1）把“单片机系统”区域中的 P1.0 端口用导线连接到“八路发光二极管指示模

块”区域中的 L1 端口上；

(2) 把“单片机系统”区域中的 P3.0 端口用导线连接到“四路拨动开关”区域中的 K1 端口上。

2. 软件分析

(1) 开关状态的检测过程。单片机对开关状态的检测相对于单片机来说，是从单片机的 P3.0 端口输入信号，而输入的信号只有高电平和低电平两种，当拨动开关 K1 拨上去，即输入高电平，相当开关断开；当拨动开关 K1 拨下去，即输入低电平，相当开关闭合。单片机可以采用 JB BIT，REL 或者是 JNB BIT，REL 指令来完成对开关状态的检测即可。

(2) 输出控制。当 P1.0 端口输出高电平，即 P1.0=1 时，根据发光二极管的单向导电性可知，这时发光二极管 L1 熄灭；当 P1.0 端口输出低电平，即 P1.0=0 时，发光二极管 L1 亮。我们可以使用 SETB P1.0 指令使 P1.0 端口输出高电平，使用 CLR P1.0 指令使 P1.0 端口输出低电平。

程序框图如图 3-1 所示。

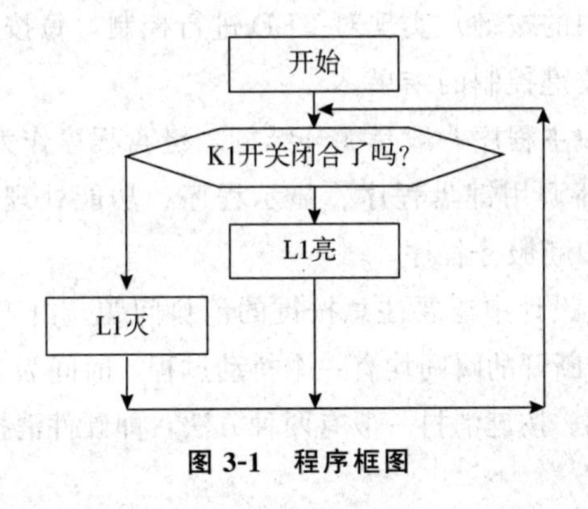

图 3-1　程序框图

3. 源程序编程

C 语言源程序如下。

```
# include < AT89X51.H>
sbit K1= P3^0;
sbit L1= P1^0;
void main(void)
{
while(1)
{
if(K1= = 0)
{
L1= 0;                                  //灯亮
}
```

```
Else
{
L1= 1;                                    //灯灭
}
}
```

知识链接

在单片机应用系统中，键盘主要用于向计算机输入数据、传送命令等，是人工干预计算机的主要手段。键盘要通过接口与单片机相连，分为编码键盘和非编码键盘两类。

键盘上闭合键的识别由专用的硬件编码器实现，并产生键编码号或键值的称为编码键盘，如计算机键盘。而靠软件编程来识别的称为非编码键盘，在单片机组成的各种系统中，使用最广泛的是非编码键盘。当然，也有用到编码键盘的。

非编码键盘又分独立键盘和行列式（又称为矩阵式）键盘两种。

用单键（独立键盘中的按键）实现对 LED 进行控制，每按一次按键，LED 显示方式变化一次，用以表示按键控制的结果。

在单片机应用系统中主程序一般是循环结构，键盘程序作为子程序供主程序调用。

上电初始化后便循环调用键盘程序、显示程序、功能处理程序等。在循环的过程中还可能因中断而执行中断服务程序。

另外，在键盘的软件设计中还要注意按键的消抖问题。由于按键一般是由机械式触点构成的，在按键按下和断开的瞬间均有一个抖动过程，时间为 5 ms～10 ms，可能会造成单片机对按键的误识别。按键消抖一般有两种方法，即硬件消抖和软件消抖。

任务实施

（1）绘制出电路原理图。

（2）根据下列参考程序编写出正确的程序。

（3）运用仿真软件最终仿真出结果

```
# include < reg51.h>                       //包含头文件
sbit key1= P1^0;                            //按键定义

void delay10ms(void)                        //延时 10ms 子函数
{
  unsigned char i,k;                        //变量定义
  for(i= 20;i> 0;i- - )                     //for 语句循环体
  for(k= 250;k> 0;k- - );
}
```

任务 2　多路按键状态指示的设计

提出任务

用 AT89S51 单片机及 LED 数码管实现对键盘键值的实现。当按下键盘中不同按键时，LED 数码管上显示不同的键值。

任务分析

1. 硬件电路设计

本设计采用 AT89S51 单片机最小系统，P3 口外接矩阵式键盘接口电路，P1 口外接共阴型七段数码管。电路中共有 16 个按键，按 4×4 的矩阵式排列，键号依次为 0～F。单片机的 P3.0～P3.3 为输出口，连接 4 条列线；P3.4～P3.7 为输入口，连接 4 条行线。

2. 软件设计思路

矩阵式按键的软件设计与独立式按键的软件设计只是按键的识别方法不同。在矩阵式按键的扫描程序中，要对按键逐行逐列地扫描，得到按下键的行列信息，然后还要转换成键号，以便据此转到相应的键处理程序。

按键扫描子函数中，先对 4 条行线送高电平，当判断有按键按下之后，延时 30 ms 之后再判断该按键是否按下。若仍然有按键按下，则能知道被按下按键所处的行编码。之后再在判断被按下按键所处列编码，综合行、列编码得到按键位置，从而判断出键值。

3. 源程序编程

源程序代码如下。

```
                                        //文件名 xm5- 2.c
# include < reg51.h>
# define uchar unsigned char
# define uint unsigned int
uchar key;
unsigned char code disp_code[]= {0x3f,0x06,0x5b,0x4f,0x66,0x6d,0x7d,0x07,0x7f,
0x6f,0x77,0x7c,
0x39,0x5e,0x79,0x71};
unsigned char code key_code[]= {0xee,0xed,0xeb,0xe7,0xde,0xdd,0xdb,0xd7,0xbe,
```

```
0xbd,0xbb,0xb7,
    0x7e,0x7d,0x7b,0x77 };

   void delayms(uint ms)
   {
       uchar t;
       while(ms- - )
       {
         for(t = 0; t < 120; t+ + );
       }
   }

       uchar scan1,scan2,keycode,j;
   uchar keyscan()                              //键盘扫描程序
   {

       P3= 0xf0;
       scan1= P3;
       if((scan1&0xf0)! = 0xf0)                 //判键是否按下
       {
         delayms(30);                           //延时 30ms
         scan1= P3;
         if((scan1&0xf0)! = 0xf0)               //二次判键是否按下
         {
           P3= 0x0f;
           scan2= P3;
           keycode= scan1|scan2;                //组合成键编码

   for(j= 0;j< = 15;j+ + )
           {
               if(keycode= = key_code[j])      //查表得键值
               {
                 key= j;
                 return(key);
               }
           }
         }
       }
       else P3= 0xff;
```

```
      return (16);
    }
  void keydown()                                    //判断是否有键按下
  {
      P3= 0x0f;
      if((P3&0x0f)! = 0x0f)
      {
        keyscan();
        P0= disp_code[key];                         //在数码管上显示键值
      }
  }
  main()
  {
      P0 = 0xbf;                                    //数码管显示"- "
      P3 = 0xff;
      while(1)
      {
        keydown();
      }
  }
```

知识链接

1. 矩阵式键盘

(1) 结构和工作原理。当输入部分有多个按键时，若仍然采用独立键盘，必然会占用大量的 I/O 口，采用矩阵键盘是一种比较节省资源的方法。矩阵式键盘又称行列式键盘，往往用于按键数量较多的场合。矩阵式键盘的按键设置在行与列的交点上。

(2) 硬件电路设计。本设计采用 AT89S51 单片机最小系统，P3 口外接矩阵式键盘接口电路，P1 口外接共阴型七段数码管。电路中共有 16 个按键，按 4×4 的矩阵式排列，键号依次为 0～F。单片机的 P3.0～P3.3 为输出口，连接 4 条列线；P3.4～P3.7 为输入口，连接 4 条行线。

2. 按键的识别

确定键盘上哪一个键被按下可以采用逐行扫描或逐列扫描的方法，称为行（列）扫描法。

(1) 先将全部列线置为低电平，然后通过行线接口读取行线电平，判断键盘中是否有按键被按下。

(2) 判断闭合键的具体位置。在确认键盘中有按键被按下后，依次将列线置为低电平，再逐行检测各行的电平状态。若某行为低电平，则该行与置为低电平的列线相交处的按键即为闭合按键。

（3）综合上述两步的结果，即可确定出闭合键所在的行和列，从而识别出所按下的键。

3. 矩阵式键盘的软件设计

矩阵式键盘的扫描常用编程扫描方式、定时扫描方式或中断扫描方式，无论采用哪种方式，都要编制相应的键盘扫描程序。在键盘扫描程序中一般要完成以下几个功能。

（1）判断键盘上有无按键按下。

（2）去键的机械抖动影响。

（3）求所按键的键号。

（4）转向键处理程序。

任务实施

（1）绘制出电路原理图。

（2）根据下列参考程序编写出正确的程序。

（3）运用仿真软件最终仿真出结果

```
# include < reg51.h>
# define uchar unsigned char
# define uint unsigned int
uchar key;
unsigned char code disp_code[]= {0x3f,0x06,0x5b,0x4f,0x66,0x6d,0x7d,0x07,0x7f,
0x6f,0x77,0x7c,
0x39,0x5e,0x79,0x71};
unsigned char code key_code[]= {0xee,0xed,0xeb,0xe7,0xde,0xdd,0xdb,0xd7,0xbe,
0xbd,0xbb,0xb7,
0x7e,0x7d,0x7b,0x77 };

void delayms(uint ms)
{
    uchar t;
    while(ms- - )
    {
      for(t = 0; t < 120; t+ + );
    }
}
```

```
    uchar scan1,scan2,keycode,j;
uchar keyscan()                                  //键盘扫描程序
{

    P3= 0xf0;
    scan1= P3;
    if((scan1&0xf0)! = 0xf0)                     //判键是否按下
    {
      delayms(30);                               //延时 30ms
      scan1= P3;
      if((scan1&0xf0)! = 0xf0)                   //二次判键是否按下
      {
        P3= 0x0f;
        scan2= P3;
        keycode= scan1|scan2;                    //组合成键编码

for(j= 0;j< = 15;j+ + )
        {
            if(keycode= = key_code[j])           //查表得键值
            {
              key= j;
              return(key);
            }
        }
      }
    }
    else P3= 0xff;
    return (16);
}

void keydown()                                   //判断是否有键按下
{
    P3= 0x0f;
    if((P3&0x0f)! = 0x0f)
    {
      keyscan();
      P0= disp_code[key];                        //在数码管上显示键值
    }
}
```

```
main()
{
    P0 =  0xbf;                               //数码管显示"- "
      P3 =  0xff;
    while(1)
    {
      keydown();
    }
}
```

项目习题

1. 试着思考以上几种键盘扫描方式只是转入键盘扫描程序的方式不同，而键盘扫描程序的设计方法是类似的。矩阵键盘中，如果有两个按键同时按下，能否识别？

2. 根据仿真情况填写实训工单。

项目 4　简易数字时钟的设计

- 了解 7 段 LED 数码管的结构及其工作原理；
- 掌握单片机对数码管的静态、动态显示控制方式；
- 应用单片机进行计数控制的原理。

能力目标

- 能根据设计任务要求编制不同进制计数器的程序流程图，理解程序对数字电子时钟的控制原理；
- 会利用电路仿真软件绘制简易数字电子时钟的电路原理图；
- 会用 Keil C51 软件对源程序进行编译调试及与 Protues 软件联调，实现电路仿真。

任务 1　从 0 到 9 的加 1 计数显示（静态）设计

提出任务

利用 AT89S51 单片机的 P1 端口的 P1.0～P1.7 连接到一个共阴数码管的 a～h 的笔段上，数码管的公共端接地。在数码管上循环显示数字 0～9。

任务分析

1. 硬件电路分析

如图 4-1 所示，单片机控制实现的数字电子时钟要完成的功能是显示小时、分和秒，是一台按秒计数并显示的计数器。其中小时采用 24 进制，秒和分采用 60 进制。

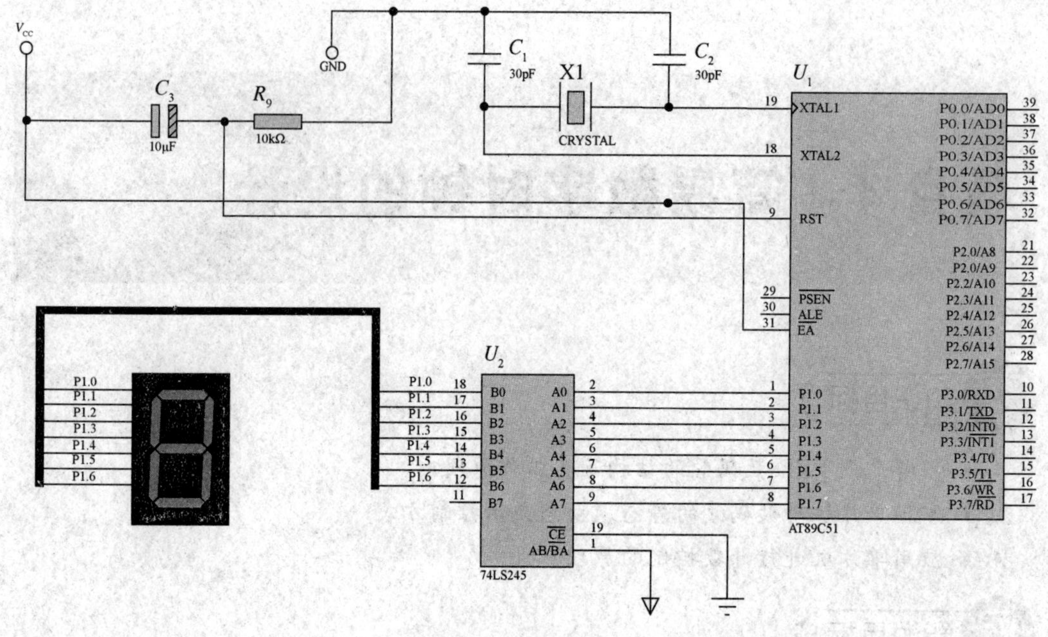

图 4-1　硬件电路

本项目从 1 位计数器的实现入手，逐步介绍不同进制的多位计数，最终达到设计简易数字电子时钟的目的。

一位计数器是单片机控制数码管计数显示的最简单的例子，本任务采用 AT89S51 单片机控制数码管静态显示的方式实现从 0～9 的加 1 计数显示。

电路组成：这里选择具有内部程序存储器的 AT89S51 单片机作为控制电路（未做特殊说明，则本项目 2 个任务设计时均采用该单片机芯片），P2 口接 1 个 1 位共阳数码管，其中 P2. 0～P2. 6 分别连接数码管的 a～f 引脚，P2. 7 连接小数点 h 端。硬件电路原理图如图 4-1 所示。

电路分析：要使 LED 数码管依次显示数字，则 P2 口对应输出七段数码管数字显示对应的编码即可。由于流过 LED 的电流通常较小，为了在仿真实验中让数字显示的更亮一些，所以一般还要在回路中接入合适的限流电阻。一般情况下，根据驱动 LED 的电流电压计算，在这里取限流电阻为 150 Ω。当 P2. x 输出为低电平时，对应的 LED 亮，输出高电平时，对应的 LED 不亮

2. 软件分析

在时钟计数时，分和秒计数一般均为 60 进制，也就是说从 0 开始到 59，之后重复。基于数字电子钟设计由浅入深的原则，在实现一位数计数的基础上，本任务介绍采用 AT89S51 单片机控制数码管实现两位数计数。主要解决多位数计数以及不同位数的计数显示控制。

电路组成：仍然选用 AT89S51 单片机作为控制核心，1 个 8 位共阳极数码管作为

输出显示端。AT89S51 的 P0 口接数码管的段码控制，其中 P0.0～P0.6 分别连接数码管的 A～G 引脚，P0.7 连接 DP 端，低电平有效。P2 口接数码管位码选通部分，P2.0 口控制第 1 个数码管，一直到 P2.7 口控制第 8 个，高电平有效。硬件电路原理图如图 4-1 所示，选择 8 位数码管的前面两位进行计数显示。

电路分析：要使 8 位数码管显示实现从 0 到 59 的动态计数，实际上就是通过 P2 口输出控制信号轮流选通数码管，共阳型数码管公共端为高电平方可选通，因此要求 P2 口由 P2.7 到 P2.0 依次输出高电平，然后在数码管段码控制端口 P0 按照一定规律送出要显示的数字 0～9。由于 P0 口带负载能力较小，因此仿真电路中 P0 接入一排上拉电阻。

3. 软件程序分析

源程序代码如下。

```
# include < AT89X51. H>
unsigned char code table[]= {0x3f,0x06,0x5b,0x4f,0x66,0x6d,0x7d,0x07,0x7f,
0x6f};
unsigned char dispcount;
void delay (void)
{
  unsigned char i,j,k;
  for(i= 40;i> 0;i- - )
  for(j= 40;j> 0;j- - )
  for(k= 248;k> 0;k- - );
}
void main(void)
{
  while(1)
      {
        for(dispcount= 0;dispcount< 10;dispcount+ + )
          {
            P1= table[dispcount];
            delay ();
          }
      }
}
```

知识链接

所谓任意进制计数器就 n 进制计数器，是指从 0 开始计数到 $n-1$ 时，又重复从 0 开始进行的计数过程。例如，数字电子时钟的小时可以是 24 进制计数，也可以是 12

进制计数；篮球比赛中用到30 s规则中可以采用延时1 s的30进制计数。本任务利用AT89S51单片机实现24进制计数器，并由此推广到任意进制计数。

数字钟是一个将“时”“分”“秒”显示于人的视觉器官的计时装置。它的计时周期为24小时，显示满刻度为23时59分59秒。本任务是基于AT89S51单片机的简易数字电子时钟，因此只简单实现计时并显示的过程，不包括校时功能和一些显示星期、报时、停电查看时间等附加功能。

任务实施

（1）绘制出电路原理图。

（2）根据下列参考程序编写出正确的程序。

（3）运用仿真软件最终仿真出结果。

```
# include < AT89X51. H>
unsigned char code table[]= {0x3f,0x06,0x5b,0x4f,0x66,0x6d,0x7d,0x07,0x7f,
0x6f};
unsigned char dispcount;
void delay (void)
{
  unsigned char i,j,k;
  for(i= 40;i> 0;i- - )
  for(j= 40;j> 0;j- - )
  for(k= 248;k> 0;k- - );
}
void main(void)
{
  while(1)
      {
        for(dispcount= 0;dispcount< 10;dispcount+ + )
          {
            P1= table[dispcount];
            delay ();
          }
      }
}
```

任务 2　动态数码显示技术

提出任务

如图 4-2 所示，P0 端口接动态数码管的字形码笔段，P2 端口接动态数码管的数位选择端，P1.7 接一个开关，当开关接高电平时，显示“12345”字样；当开关接低电平时，显示“HELLO”字样。

任务分析

1. 硬件分析

电路原理图如图 4-2 所示。

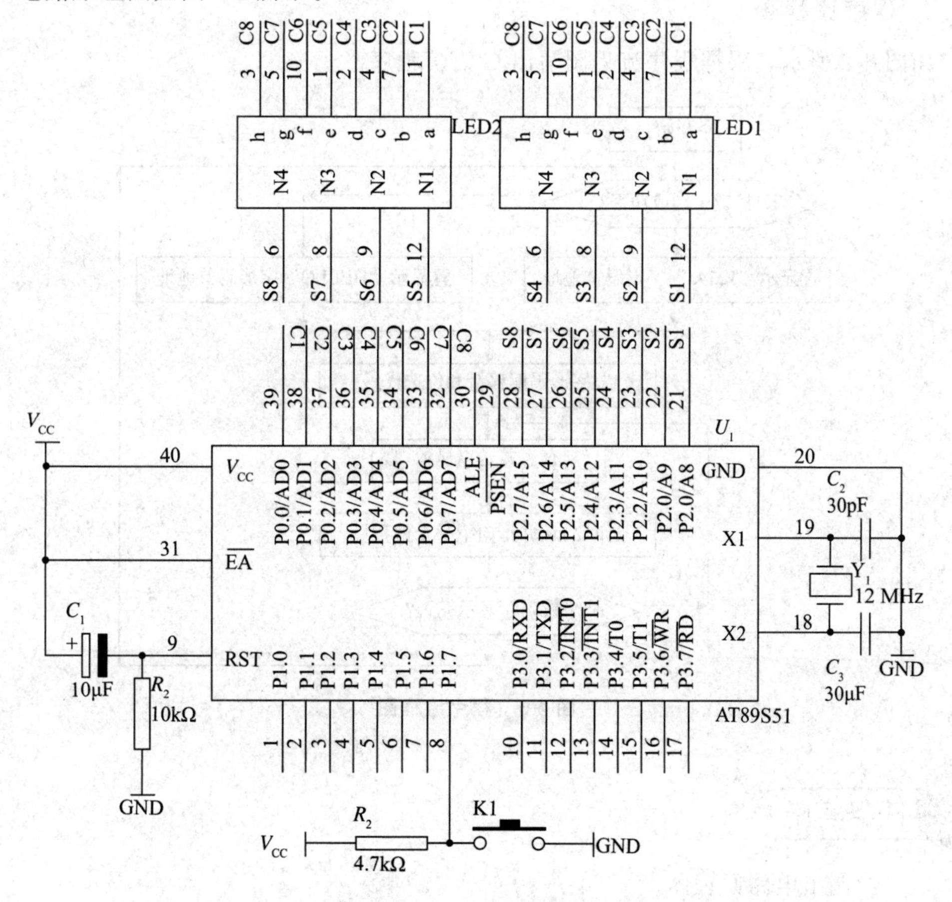

图 4-2　电路原理图

2. 系统板上硬件连线

（1）把“单片机系统”区域中的 P0.0/AD0～P0.7/AD7 用 8 芯排线连接到“动态数码显示”区域中的 a～h 端口上；

（2）把“单片机系统”区域中的 P2.0/A8～P2.7/A15 用 8 芯排线连接到“动态数码显示”区域中的 S1～S8 端口上；

（3）把“单片机系统”区域中的 P1.7 端口用导线连接到“独立式键盘”区域中的 SP1 端口上。

3. 程序设计内容

（1）动态扫描方法。动态接口采用各数码管循环轮流显示的方法，当循环显示频率较高时，利用人眼的暂留特性，看不出闪烁显示现象，这种显示需要一个接口完成字形码的输出（字形选择），另一接口完成各数码管的轮流点亮（数位选择）。

（2）在进行数码显示的时候，要对显示单元开辟 8 个显示缓冲区，每个显示缓冲区装有显示的不同数据即可。

（3）对于显示的字形码数据我们采用查表方法来完成。

4. 程序流程图

如图 4-3 所示，根据程序流程图写出 C 语言程序。

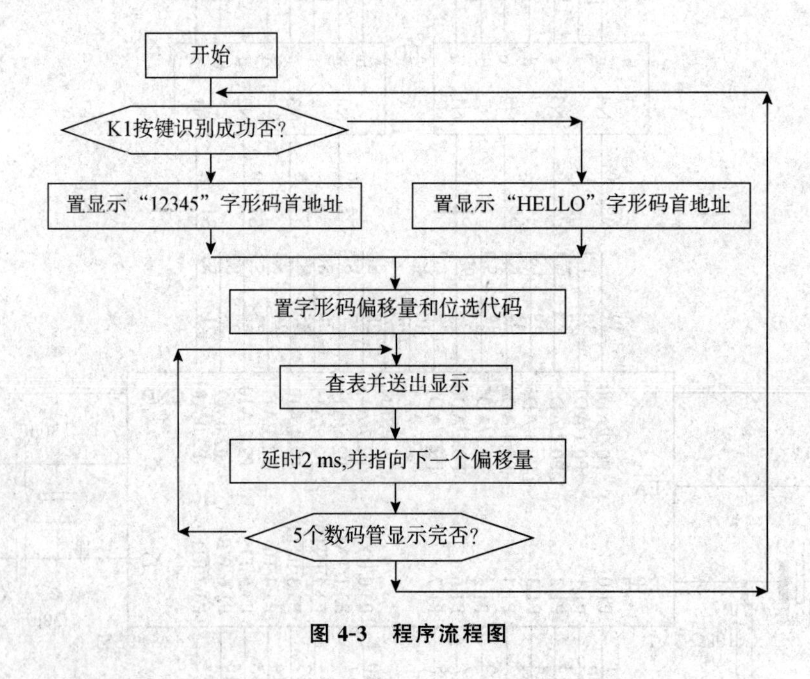

图 4-3 程序流程图

任务实施

（1）绘制出电路原理图。

（2）根据下列参考程序编写出正确的程序。

（3）运用仿真软件最终仿真出结果。

```
# include < AT89X51.H>
unsigned char code table1[]= {0x06,0x5b,0x4f,0x66,0x6d};
unsigned char code table2[]= {0x78,0x79,0x38,0x38,0x3f};
unsigned char i;
  unsigned char a,b;
  unsigned char temp;
  if(P1_7= = 1)
  {P0= table1[i];
  }
void main(void)
  {while(1)
  {
temp= 0xfe;
  for(i= 0;i< 5;i+ + )
{
Else
{P0= table2[i];
  }
P2= temp;
  a= temp< < (i+ 1);
  b= temp> > (7- i);
  temp= a|b;
for(a= 4;a> 0;a- - )
for(b= 248;b> 0;b- - );
}
}
```

项目习题

1. 若要做出滚动播出的效果，应该采取静态方式还是动态方式，并编写程序。

2. 根据仿真情况完成实训室工单。

项目 5　简易数字频率计与单片机串行通信的设计

知识目标

- 了解 7 段 LED 数码管的结构及其工作原理；
- 掌握单片机对数码管的静态、动态显示控制方式；
- 应用单片机进行计数控制的原理；
- 了解单片机串行通信的一些概念；
- 掌握单片机串行口的结构和工作原理；
- 理解单片机串行口的工作方式。

能力目标

- 能根据设计任务要求编制不同进制计数器的程序流程图，理解程序对数字电子时钟的控制原理；
- 会利用电路仿真软件绘制简易数字电子时钟的电路原理图；
- 会用 Keil C51 软件对源程序进行编译调试及与 Protues 软件联调，实现电路仿真；
- 能根据系统的功能要求，对串口进行设置；
- 能根据功能模块要求，对串口通信进行设计和编程。

任务 1　简易数字频率计的设计

提出任务

使用 AT89S52 单片机，P1.0 引脚接发光二极管（LED）的阴极，通过 C 语言程序控制，从 P1.0 引脚输出低电平，使发光二极管点亮。

任务分析

1. 硬件分析

要使8位数码管显示实现动态显示，实际上就是通过P2口输出控制信号轮流选通数码管，共阳型数码管公共端为高电平方可选通，因此要求P2口由P2.0到P2.7依次输出高电平，然后在数码管段码控制端口P0按照一定规律送出要显示的数字0～9。

在计数器工作方式下，加至外部引脚的待测信号发生从1到0的跳变时计数器加1。外部输入在每个机器周期被采样一次，这样检测一次从1到0的跳变至少需要2个机器周期（24个振荡周期），所以最大计数速率为时钟频率的1/24（使用12 MHz时钟时，最大计数速率为500 kHz），也就是说使用12 MHz时钟的AT89S51单片机设计的频率计数器系统，所测的信号的频率不能大于500 kHz，若大于则必须通过分频器分频才能测试，而本次任务的要求是对0～300 KHz的信号进行测量，所以可以直接进行。

利用AT89S51单片机的T0、T1的定时计数器功能，来完成对输入的信号进行频率计数。设置定时器0工作在定时方式1，定时1s，并产生方波信号从P1.1引脚输出。设置定时器1工作在计数方式1，对输入脉冲进行计数，溢出产生中断。将定时器1中断定义为优先。由于16位二进制加法计数器的最大计数值为65535，1s之内可能会产生多次溢出，所以需要在中断处理程序里对中断次数进行计数。1s到后，将中断次数和计数器里的计数值取出进行综合数据处理，处理后的数据送显示。

由于定时器T0工作在定时方式时最大的定时时间大约为65 ms，若要定时1s，可以采用定时20 ms，中断50次来完成1 s的定时。对于定时20 ms来说，用定时器方式1可实现。

机器周期为

$$T_p = 12/\text{晶振频率} = 12/12\ \text{MHz} = 1\ \mu s$$

计数初值为

$X = 2^n - TC = 2^{16} - 20000 = 45536 = \text{B1E0H}$

故TH0＝B1H，TL0＝E0H。

2. 源程序编程

源程序代码如下。

```
//plj7- 2.c
# include< reg51.h>
# include < stdio.h>
# define uchar unsigned char
uchar display_code[]= {0xC0,0xF9,0xA4,0xB0,0x99,0x92,0x82,0xF8,0x80,0x90,
0xff};
                                        //定义数组存放显示数据的编码
uchar display_data[8]= {0,0,0,0,0,0,0,0}; //定义数组存放显示数据的各位
```

```
uchar c1,b1;
sbit P1_1= P1^1;
void delay(void)                          //延时
{
  uchar i;
  for(i= 500;i> 0;i- - );
}
void display()                            //显示程序
{
    uchar i,k;
    k= 0x01;
    for(i= 0;i< 8;i+ + )
    {
    P2= 0;
    P0= display_code[display_data[i]];
    P2= k;
    k= k< < 1;

delay();
}
    P2= 0;
}
void convert()                            //转换程序
{
uchar i,f2;
long f,f1,k;
f= c1* 65536+ TH1* 256+ TL1;
f1= f- f% 10;                             //此变量是为了让八位 LED 的高位为 0 时不
                                            显示而设置
for(i= 7;i> 0;i- - )                      //此循环将计数值转换为显示数组,从高位到
                                            低位依次存放在
                                          //display_data[0]至 display_data[7]
{display_data[i]= f% 10;
  f= f/10;
  }
display_data[0]= f;
k= 1e7;                                   //从这开始到本子程序结束的语句完成让八
                                            位 LED 的高位为 0 时不显示
for(i= 0;i< 7;i+ + )
```

```
{f2= f1/k;
if(f2= = 0)
{
display_data[i]= 10;
  k= k/10;
}
}
}

void timer1(void) interrupt 3              //定时器1中断服务程序
    {
c1+ + ;
    }
void timer0(void) interrupt 1              //定时器0中断服务程序
    {
TH0= 0xb1;                                 //装入时间常数
TL0= 0xe0;
P1_1= ! P1_1;                              //P1.1取反,从P1.1引脚输出25Hz的方波
                                             信号,通过导线连接到P3.5引脚输入,以方
                                             便调试程序。若使用其它信号源,则去掉
                                             即可。

if (b1= = 49)
{
convert();
c1= 0;                                     //将计数值清零
b1= 0;
TH1= 0;
TL1= 0;
}
else b1+ + ;
}

void main(void)                            //主函数
{
P0_1= 0;
c1= 0;
b1= 0;
TH1= 0;
TL1= 0;
```

```
TMOD= 0x51;
TH0= 0Xb1;
TL0= 0Xe0;
IE= 0x8a;
TCON= 0x50;
while(1)
{
display();
}
}
```

3. 程序调试与电路仿真

仿真软件的使用见项目 2，程序编写、编译及电路绘制的过程与本章任务 1 大致相同。将 Keil C51 程序编译过程中建立的 plj7-2. hex 文件添加进 Proteus 中的单片机芯片，点击模拟调试按钮的运行按钮，进入调试状态。此时，可看到数码管显示 25。

知识链接

80C51 单片机内部定时器/计数器结构。内部设有两个 16 位的可编程定时器/计数器。可编程是指其功能（工作方式、定时时间、量程、启动方式等）均可由指令来确定和改变。在定时器/计数器中除了有两个 16 位的计数器之外，还有两个特殊功能寄存器（控制寄存器和方式寄存器）。

16 位的定时器计数器分别由两个 8 位专用寄存器组成，即 T0 由 TH0 和 TL0 构成，T1 由 TH1 和 TL1 构成。其访问地址依次为 8AH～8DH。每个寄存器均可单独访问。这些寄存器是用于存放定时或计数初值的。此外，其内部还有一个 8 位的定时器方式寄存器 TMOD 和一个 8 位的定时控制寄存器 TCON。这些寄存器之间是通过内部总线和控制逻辑电路连接起来的。TMOD 主要用于选定定时器的工作方式；TCON 主要用于控制定时器的启动停止，此外 TCON 还可以保存 T0、T1 的溢出和中断标志。当定时器工作在计数方式时，外部事件通过引脚 T0（P3. 4）和 T1（P3. 5）输入。

16 位的定时器/计数器实质上就是一个加 1 计数器，其控制电路受软件控制、切换。

当定时器/计数器为定时工作方式时，计数器的加 1 信号由振荡器的 12 分频信号产生，即每过一个机器周期，计数器加 1，直至计满溢出为止。显然，定时器的定时时间与系统的振荡频率有关。因一个机器周期等于 12 个振荡周期，所以计数频率 fcount＝1/12osc。如果晶振为 12 MHz，则计数周期为

$$T=1/(12\times10^{6})\ \mathrm{Hz}\times1/12=1\mu\mathrm{s}$$

这是最短的定时周期。若要延长定时时间，则需要改变定时器的初值，并要适当选择定时器的长度（8 位、13 位、16 位等）。

当定时器/计数器为计数工作方式时，通过引脚T0和T1对外部信号计数，外部脉冲的下降沿将触发计数。计数器在每个机器周期的S5P2期间采样引脚输入电平。若一个机器周期采样值为1，下一个机器周期采样值为0，则计数器加1。此后的机器周期S3P1期间，新的计数值装入计数器。所以检测一个由1至0的跳变需要两个机器周期，故外部事年的最高计数频率为振荡频率的1/24。例如，如果选用12 MHz晶振，则最高计数频率为0.5 MHz。虽然对外部输入信号的占空比无特殊要求，但为了确保某给定电平在变化前至少被采样一次，外部计数脉冲的高电平与低电平保持时间均需在一个机器周期以上。

当CPU用软件给定时器设置了某种工作方式之后，定时器就会按设定的工作方式独立运行，不再占用CPU的操作时间，除非定时器计满溢出，才可能中断CPU当前操作。CPU也可以重新设置定时器工作方式，以改变定时器的操作。由此可见，定时器是单片机中效率高而且工作灵活的部件。

单片机定时器/计数器是一种可编程部件，在定时器/计数器开始工作之前，CPU必须将一些命令（称为控制字）写入定时/计数器。将控制字写入定时器/计数器的过程叫定时器/计数器初始化。在初始化过程中，要将工作方式控制字写入方式寄存器，工作状态字（或相关位）写入控制寄存器，赋定时/计数初值。

定时器/计数器T0和T1有2个控制寄存器TMOD和TCON，它们分别用来设置各个定时器/计数器的工作方式，选择定时或计数功能，控制启动运行，以及作为运行状态的标志等。其中，TCON寄存器中另有4位用于中断系统。

定时器方式控制寄存器TMOD在特殊功能寄存器中，字节地址为89H，无位地址。

先看TMOD寄存器各位的分布图：

第一，控制定时器1工作在定时方式或计数方式是哪个位？通过前面的学习，我们已知道，C/T位（D6）是定时或计数功能选择位，当C/T=0时定时器/计数器就为定时工作方式。所以要使定时器/计数器1工作在定时器方式就必需使D6为0。

第二，设定定时器1按方式2工作。上表中可以看出，要使定时器/计数器1工作在方式2，M0（D4）M1（D5）的值必须是10。

第三，设定定时器0为计数方式。与第一个问题一样，定时器/计数器0的工作方式选择位也是C/T（D2），当C/T=1时，就工作在计数器方式。

第四，由软件启动定时器0，前面已讲过，当门控位GATE=0时，定时器/计数器的启停就由软件控制。

第五，设定定时/计数器工作在方式1，使定时器/计数器0工作在方式1，M0（D0）M1（D1）的值必须是01。

从上面的分析我们可以知道，只要将TMOD的各位，按规定的要求设置好后，定时器/计数器就会按我们预定的要求工作。我们分析的这个例子最后各位的情况如下：

D7　　D6　　D5　　D4　　D3　　D2　　D1　　D0

0　0　1　0　0　1　0　1

二进制数 00100101＝十六进制数 25H。所以执行 MOV TMOD，＃25H 这条指令就可以实现上述要求。

定时器/计数器控制寄存器 TCON 在特殊功能寄存器中，字节地址为 88H，位地址（由低位到高位）为 88H～8FH，由于有位地址，十分便于进行位操作。TCON 的作用是控制定时器的启停，标志定时器溢出和中断情况。

TCON 的格式中，TFl，TRl，TF0 和 TR0 位用于定时器/计数器；IEl，ITl，IE0 和 IT0 位用于中断系统。

TF1：定时器 1 溢出标志位。当定时器 1 计满溢出时，由硬件使 TF1 置“1”，并且申请中断。进入中断服务程序后，由硬件自动清“0”，在查询方式下用软件清“0”。

TR1：定时器 1 运行控制位。由软件清“0”关闭定时器 1。当 GATE＝1，且 INT1 为高电平时，TR1 置“1”启动定时器 1；当 GATE＝0 时，TR1 置“1”启动定时器 1。

TF0：定时器 0 溢出标志。其功能及操作情况同 TF1。

TR0：定时器 0 运行控制位。其功能及操作情况同 TR1。

IE1：外部中断 1 请求标志。

IT1：外部中断 1 触发方式选择位。

IE0：外部中断 0 请求标志。

IT0：外部中断 0 触发方式选择位。

TCON 中低 4 位与中断有关，请参看中断相关知识。由于 TCON 是可以位寻址的，因而如果只清溢出或启动定时器工作，可以用位操作命令。例如，执行“CLR TF0”后则清定时器 0 的溢出；执行“SETB TR1”后可启动定时器 1 开始工作（当然前面还要设置方式定）。

由于定时器/计数器的功能是由软件编程确定的，所以一般在使用定时器/计数器前都要对其进行初始化，使其按设定的功能工作。初始化的步骤一般如下：

（1）确定工作方式（即对 TMOD 赋值）；

（2）预置定时或计数的初值（可直接将初值写入 TH0、TL0 或 TH1、TL1）；

（3）根据需要开放定时器/计数器的中断（直接对 IE 位赋值）；

（4）启动定时器/计数器（若已规定用软件启动，则可把 TR0 或 TR1 置“1”；若已规定由外中断引脚电平启动，则需给外引脚步加启动电平。当实现了启动要求后，定时器即按规定的工作方式和初值开始计数或定时）。

因为在不同工作方式下计数器位数不同，因而最大计数值也不同。

现假设最大计数值为 M，那么各方式下的最大计数值 M 如下：

方式 0：$M=2^{13}=8192$。

方式 1：$M=2^{16}=65536$。

方式 2：$M=2^{8}=256$。

方式 3：定时器 0 分成两个 8 位计数器，所以两个 M 均为 256。

因为定时器/计数器是做“加 1”计数，并在计数满溢出时产生中断，因此初值 X 可以这样计算：

$$X = M - \text{计数值}$$

【例】 选择 T1 方式 0 用于定时，在 P1.1 输出周期为 1 ms 方波，晶振 fosc=6 MHz。

解：根据题意，只要使 P1.1 每隔 500 μs 取反一次即可得到 1 ms 的方波，因而 T1 的定时时间为 500 μs，因定时时间不长，取方式 0 即可。则 M1 M0=0；因是定时器方式，所以 C/T=0；在此用软件启动 T1，所以 GATE=0。T0 不用，方式字可任意设置，只要不使其进入方式 3 即可，一般取 0，故 TMOD=00H。系统复位后 TMOD 为 0，可不对 TMOD 重新清 0。

计算 500 μs 定时 T1 初始值：

机器周期 $T=12/\text{fosc}=12/(6\times10^6)\ \text{Hz}=2\ \mu\text{s}$

设初值为 X，则

$$(2^{13}-X)\times2\times10^{-6}\text{s}=500\times10^{-6}\text{s}$$

$$X=7942=1111100000110\text{B}$$

因为在做 13 位计数器用时，TL1 的高 3 位未用，应填写 0，TH1 占用高 8 位，所以 X 的实际填写应为 TH1=F8H，TL1=06H。

```
                                              //文件名 plj7- 3.c
# include< reg51.h>                           //定义头文件
sbit P1_1= P1^1;
void timer1(void) interrupt 3                 //定时器 1 中断服务程序
    {
TH1= 0XF8;
TL1= 0X06;                                    //装入时间常数
P1_1= ! P1_1;                                 //P1.1 取反
    }
void main(void)
    {
TMOD= 0x00;                                   //定时器 1 方式 0
TH1= 0XF8;
TL1= 0X06;                                    //装入时间常数
TR1= 1;                                       //启动定时器
TF1= 0;
EA= 1;                                        //开全局中断
    ET1= 1;                                   //开定时器 1 中断
    while(1);                                 //主程序死循环,空等待
  }
```

C51 提供的中断函数格式：

```
void 函数名 interrupt n [using m]
```

其中，n 对应中断源的编号，n 取值范围 0～31，以 AT89S51 单片机为例，编号从 0～3，分别对应外中断 0、定时器 0 溢出中断、外中断 1 和定时器 1 溢出中断。

若为定时器 0 溢出中断，则中断函数可写为

```
void timer0() interrupt 1 using 2
{
语句;
}
```

即表示在该中断程序中使用第 2 组工作寄存器。

任务实施

（1）绘制出电路原理图。

（2）根据下列参考程序编写出正确的程序。

（3）运用仿真软件最终仿真出结果。

```
# include< reg51. h>
# include < stdio. h>
# define uchar unsigned char
uchar display_code[]= {0xC0, 0xF9, 0xA4, 0xB0, 0x99, 0x92, 0x82, 0xF8, 0x80, 0x90, 0xff};
                                             //定义数组存放显示数据的编码
uchar display_data[8]= {0,0,0,0,0,0,0,0};    //定义数组存放显示数据的各位
uchar c1,b1;
sbit P1_1= P1^1;
void delay(void)                             //延时
{
  uchar i;
  for(i= 500;i> 0;i- - );
}
void display()                               //显示程序
{
  uchar i,k;
  k= 0x01;
  for(i= 0;i< 8;i+ + )
  {
  P2= 0;
  P0= display_code[display_data[i]];
  P2= k;
  k= k< < 1;

 delay();
```

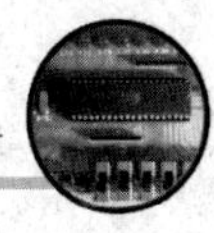

```
}
  P2= 0;
}
void convert()                                  //转换程序
{
uchar i,f2;
long f,f1,k;
f= c1* 65536+ TH1* 256+ TL1;
f1= f- f% 10;                                   //此变量是为了让八位 LED 的高位为 0 时不
                                                  显示而设置
for(i= 7;i> 0;i- - )                            //此循环将计数值转换为显示数组,从高位到
                                                  低位依次存放在
                                                //display_data[0]至 display_data[7]
{display_data[i]= f% 10;
  f= f/10;
  }
display_data[0]= f;
k= 1e7;                                         //从这开始到本子程序结束的语句完成让八
                                                  位 LED 的高位为 0 时不显示
for(i= 0;i< 7;i+ + )
{f2= f1/k;
if(f2= = 0)
{
display_data[i]= 10;
  k= k/10;
}
}
}

v oid timer1(void) interrupt 3                 //定时器 1 中断服务程序
    {
c1+ + ;
    }
void timer0(void) interrupt 1                   //定时器 0 中断服务程序
    {
TH0= 0xb1;                                      //装入时间常数
TL0= 0xe0;
P1_1= ! P1_1;                                   //P1.1 取反,从 P1.1 引脚输出 25Hz 的方波
                                                  信号,通过导线连接到 P3.5 引脚输入,以方
```

便调试程序。若使用其它信号源，则去掉即可。

```
if (b1= = 49)
{
convert();
c1= 0;                                  //将计数值清零
b1= 0;
TH1= 0;
TL1= 0;
}
else b1+ + ;
}

void main(void)                         //主函数
{
P0_1= 0;
c1= 0;
b1= 0;
TH1= 0;
TL1= 0;
TMOD= 0x51;
TH0= 0Xb1;
TL0= 0Xe0;
IE= 0x8a;
TCON= 0x50;
while(1)
{
display();
}
}
```

任务 2　单片机串行通信的设计

提出任务

通过设计一个由甲机通过串口通信控制乙机 LED 灯的闪烁，来让大家熟悉并掌握

单片机的通信设计。具体要求：甲机通过按下开关的次数来完成发送控制命令字符“A”“B”“C”，或者停止发送，乙机根据所接收到的字符完成 LED1 闪烁、LED2 闪烁、双闪烁，或停止闪烁。

任务分析

1. 硬件分析

甲机和乙机的通信电路如图 5-1 所示。

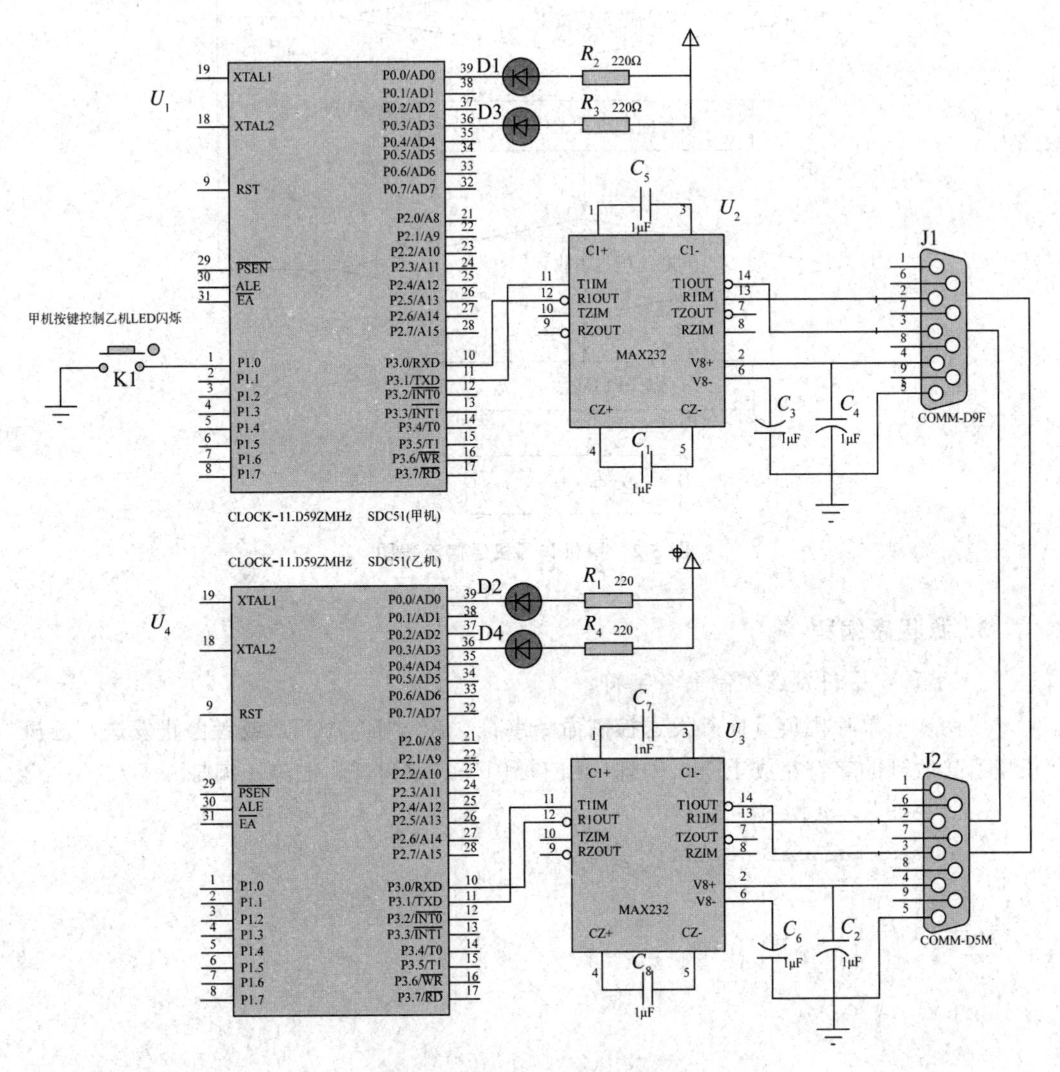

图 5-1　甲机和乙机的通信电路

2. 软件分析

甲机和乙机通信流程图如图 5-2 所示。

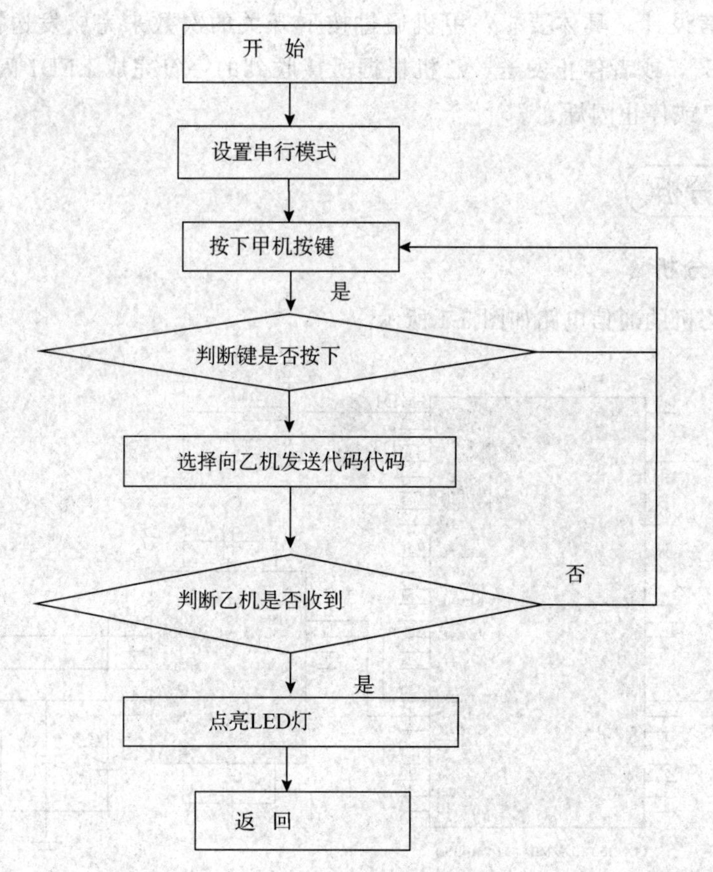

图 5-2 甲机和乙机通信流程图

3. 源程序编程

/＊名称：甲机发送控制命令字符。

说明：甲单片机负责向外发送控制命令字符“A”“B”“C”，或者停止发送，乙机根据所接收到的字符完成 LED1 闪烁、LED2 闪烁、双闪烁，或停止闪烁。＊/

```
# include< reg51. h>
# define uchar unsigned char
# define uint unsigned int
sbit LED1= P0^0;
sbit LED2= P0^3;
sbit K1= P1^0;
                                        //延时
void DelayMS(uint ms)
{
    uchar i;
    while(ms- - ) for(i= 0;i< 120;i+ + );
}
```

```
                                              //向串口发送字符
void Putc_to_SerialPort(uchar c)
{
    SBUF= c;
    while(TI= = 0);
    TI= 0;
}
                                              //主程序
void main()
{
    uchar Operation_No= 0;
    SCON= 0x40;                               //串口模式 1
    TMOD= 0x20;                               //T1 工作模式 2
    PCON= 0x00;                               //波特率不倍增
    TH1= 0xfd;
    TL1= 0xfd;
    TI= 0;
    TR1= 1;
    while(1)
    {
        if(K1= = 0)                           //按下 K1 时选择操作代码 0,1,2,3
        {
            while(K1= = 0);
            Operation_No= (Operation_No+ 1)% 4;
        }
        switch(Operation_No)                  //根据操作代码发送 A/B/C 或停止发送
        {
            case 0:LED1= LED2= 1;
                   break;
            case 1:Putc_to_SerialPort('A');
                   LED1= ~ LED1;LED2= 1;
                   break;
            case 2:Putc_to_SerialPort('B');
                   LED2= ~ LED2;LED1= 1;
                   break;
            case 3:Putc_to_SerialPort('C');
                   LED1= ~ LED1;LED2= LED1;
                   break;
        }
```

```
        DelayMS(100);
    }
}
```

/＊名称：乙机程序接收甲机发送字符并完成相应动作

说明：乙机接收到甲机发送的信号后，根据相应信号控制 LED 完成不同闪烁动作。＊/

```
# include< reg51.h>
# define uchar unsigned char
# define uint unsigned int
sbit LED1= P0^0;
sbit LED2= P0^3;
                                            //延时
void DelayMS(uint ms)
{
    uchar i;
    while(ms- - ) for(i= 0;i< 120;i+ + );
}
                                            //主程序
void main()
{
    SCON= 0x50;                             //串口模式 1,允许接收
    TMOD= 0x20;                             //T1 工作模式 2
    PCON= 0x00;                             //波特率不倍增
    TH1= 0xfd;                              //波特率 9600
    TL1= 0xfd;
    RI= 0;
    TR1= 1;
    LED1= LED2= 1;
    while(1)
    {
        if(RI)                              //如收到则 LED 闪烁
        {
            RI= 0;
            switch(SBUF)                    //根据所收到的不同命令字符完成不同动作
            {
                case 'A':LED1= ~ LED1;LED2= 1;break;        //LED1 闪烁
                case 'B':LED2= ~ LED2;LED1= 1;break;        //LED2 闪烁
                case 'C':LED1= ~ LED1;LED2= LED1;           //双闪烁
            }
```

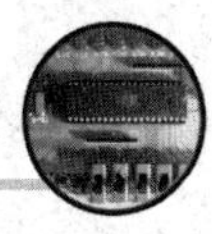

```
            }
            else LED1= LED2= 1;                    //关闭 LED
            DelayMS(100);
        }
    }
```

1. 串行通信概述

通信是多个对象之间传递数据信息的方式。古代的烽火台传递战争即将来临的信息，现代的固定电话、手机等现代通信手段。手机的“4G”业务，不但可以传送音频信息、还可以传送视频信息。“互联网”可以实现电脑之间资源的共享，比如共享音乐、视频、资料等。“QQ”聊天工具也是一种通信工具。计算机（单片机）通信：计算机（单片机）与外部设备或计算机（单片机）与计算机（单片机）之间的信息交换，即计算机与外界交换数据信息的方式。

通信的基本方式分为并行通信和串行通信两种。并行通信是将组成数据字节的各位同时发送或接收，即将字节数据的各位用多条数据线同时进行传送。一个并行数据占多少位二进制数，就需要多少根传输线。优点是通信速度快，缺点是传输线根数多，不适合长距离传输。因此，该方式适用于短距离传送数据。计算机内部的数据传送一般均采用并行方式。并行通信方式如图 5-3 所示。

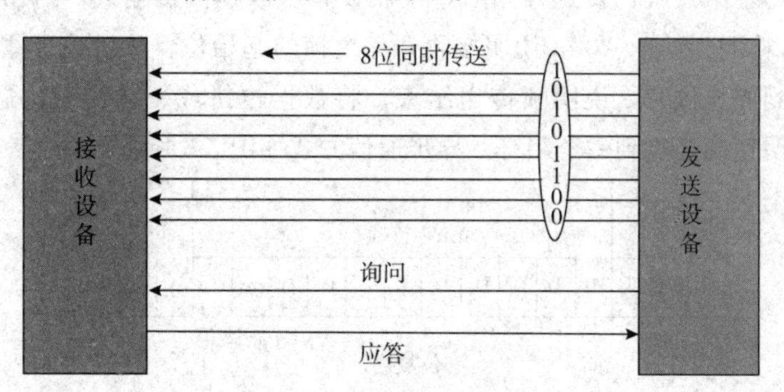

图 5-3　并行通信方式

串行通信是将字节数据分成一位一位的形式在一条传输线上依次地传送。其优点是占有传输线少，与外部设备的连接简单，长距离传送时成本低，且可以利用电话网等现成的设备。因此该方式适用于较长距离传送数据。计算机与外界的数据传送一般均采用串行通信方式。串行通信方式如图 5-4 所示。

图 5-4　串行通信方式

2. 串行通信的分类

在串行通信中，一个方向只有一根通信线，这根线即传输数据信息又传输控制信息。为了加以区分，要对信息的格式进行约定。信息格式有同步信息和异步信息两种，按照串行数据的时钟控制方式的不同分为异步通信和同步通信两种方式。

（1）异步通信方式。发送端和接收端可以由各自独立的时钟来控制数据的发送和接收，这两个时钟彼此独立，互不同步。既然时钟不同步，那么它们是通过什么来判断何时接收数据，何时停止接收数据的呢？在异步通信中，接收端是依靠字符帧格式来判断发送端是何时开始发送何时结束发送的。异步通信方式是一种最常用的通信方式，以帧为发送单位。一帧信息包括起始位、数据位、奇偶校验位、停止位。起始位占1位，数据位占5～8位，奇偶校验位占1位（也可以没有奇偶校验位），停止位占1或2位，给出的是有8位数据位的帧格式，帧中有1位起始位、7位数据位、1位奇偶校验位、1位停止位，共11位。异步通信用起始位“0”表示字符的开始，用“1”表示字符的结束。数据传送的基本过程：传送开始后，接收设备不断检测传输线，当在接收到一系列的“1”之后，检测到一个“0”，说明接收到一个帧的起始位，然后接受数据位和奇偶校验位。当接收到停止位时，说明帧传送结束。将数据位拼成一个字节，进行奇偶校验，验证无误后表明正确接收到一个字符。异步通信方式如图5-5所示。

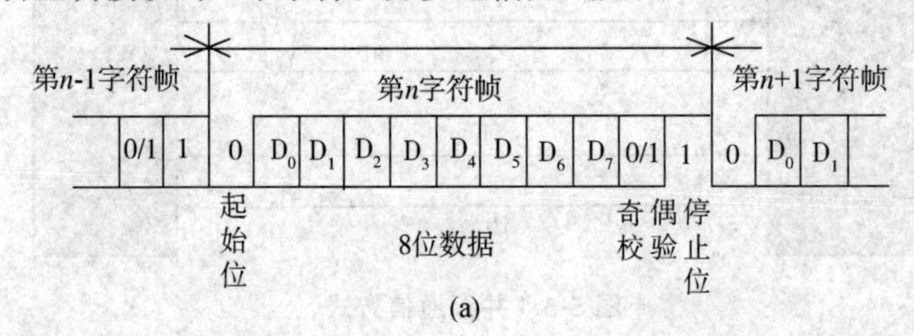

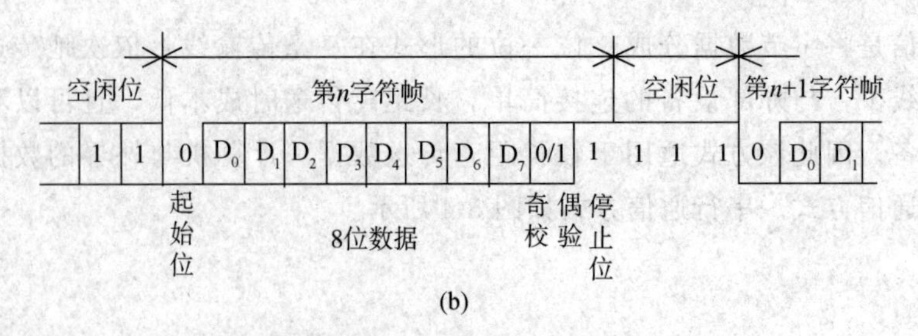

图 5-5　异步通信方式

（a）无空闲位字符帧；（b）有空闲位字符帧

起始位：用“0”（低电平）表示字符的开始，用于向接收设备表示发送端开始发送一帧信息。数据位：紧跟起始位之后，低位在前高位在后。奇偶校验位：位于数据位之后，仅占一位，用来表征串行通信中采用奇校验还是偶校验。停止位：用“1”（高电平）表示一帧字符数据发送结束，为发送下一帧作准备。空闲位：两相邻字符帧之间可以没有空闲位，也可以有若干空闲位。空闲位用“1”来表示。

（2）同步通信方式。按照软件识别同步字符来实现数据的发送和接收的。数据是连续传送的，即数据是以数据块为单位传送的。同步通信字符帧结构如图 5-6 所示。

同步字符1	数据字符1	数据字符2	数据字符3	…	数据字符n	CRC1	CRC2

(a)

同步字符1	同步字符2	数据字符1	数据字符2	…	数据字符n	CRC1	CRC2

(b)

图 5-6　同步通信字符帧结构

（a）单同步字符帧结构；（b）双同步字符帧结构

异步通信特点：不需要传送同步脉冲，字符帧长度也不受限制，故硬件结构比同步通信方式简单；但此种传送方式中包含有起始位和停止位而降低了有效数据的传输速率。

同步通信特点：数据块传送时去掉了字符开始和结束的标志，所以其速度高于异步传送；但在硬件上需要插入同步字符和相应的检测部件，增加了硬件设计的难度。

3. 串行通信的制式

在串行通信中数据是在两个站之间进行传送的，按照数据传送方向，串行通信可分为单工（simplex）、半双工（half duplex）和全双工（full duplex）三种制式。串行通信的制式如图 5-7 所示。

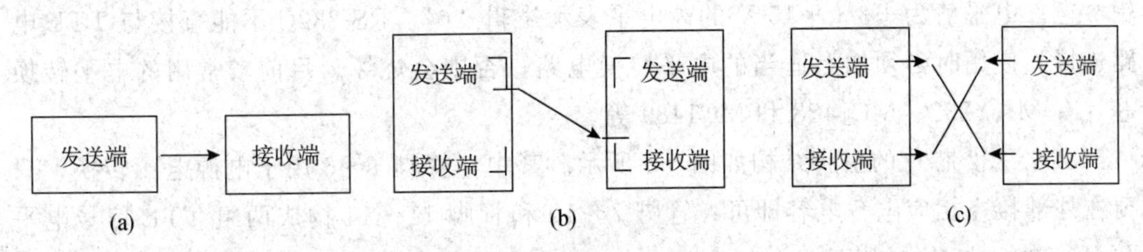

图 5-7　串行通信的制式

（a）单工通信模式；（b）半双工通信模式；（c）全双工通信模式

单工通信模式是指通信双方只能进行单方向传输。单工通信的通信线是单向的，发送端只有发送器，只能发送数据；接收端只有接收器，只能接收数据。

半双工通信模式是指通信双方都能进行数据传输，双方都设有发送器和接收器，都能发送数据和接收数据，但不能同时进行，即发送时不能接收，接收时不能发送。

全双工通信模式是指通信双方能同时进行数据传输，双方都设有发送器和接收器，能同时发送数据和接收数据。

4. 串行通信的波特率

波特率（Band Rate）：每秒钟传送二进制数码的位数，单位是 bps（bit per second)，即位/秒（b/s)。

【例】在同步通信中信息传送速度为 360 b/s，每个字符又包含 10 位，试求此同步通信中的波特率及一位二进制数的传送时间。

解：波特率是

$$360\text{ 字符/秒}\times 10\text{ 位/字符}=3\ 600\text{b/s}$$

一位二进制数传送的时间即为波特率的倒数：

$$T_b=1/3\ 600\text{ s}=0.278\text{s}$$

5. 信号的调制与解调

当异步通信的距离在 30 m 以内时，计算机之间可以直接通信。而当传输距离较远时，通常是用电话线进行传送，由于电话线的带宽限制以及信号传送中的衰减，会使信号发生明显的畸变。所以，在这种情况下，发送时要用调制解调器（Modulator）把数字信号转换为模拟信号，并加以放大再传送，这个过程称为调制。在接收时，再用解调器（Demodulator）检测此模拟信号，并把它转换成数字信号再送入计算机，这个过程称为解调。

6. 串行通信的协议

RS-232C 由美国电子工业协会制定，是目前使用最多的一种异步串行通信总线标准。RS-232C 定义了数据终端设备（DTE）和数据通信设备（DCE）之间的物理接口规范，采用标准接口后，能方便地把单片机和外设以及测量仪器等有机地连接起来构成一个控制系统。此标准适合短距离或调制解调的通信场合。

（1）RS232 电气特性。该标准采用浮逻辑，电平值为－3～－15 V 的低电平表示逻辑“1”；电平值为＋3～＋15 V 的高电平表示逻辑“0”。RS-232C 不能直接与 TTL 电路连接，使用时必须加上适当的电平转换电路，否则会烧坏。目前较常用的电平转换芯片有 MAX232、MC1488 和 MC1489 等。

MAX232 芯片的引脚结构如图 5-8 所示。其中，管脚 1～6 用于电源电压转换，只要在外部接入相应电解电容即可；管脚 7～10 和管脚 11～14 构成两组 TTL 信号电平与 RS-232C 电平引脚相连。

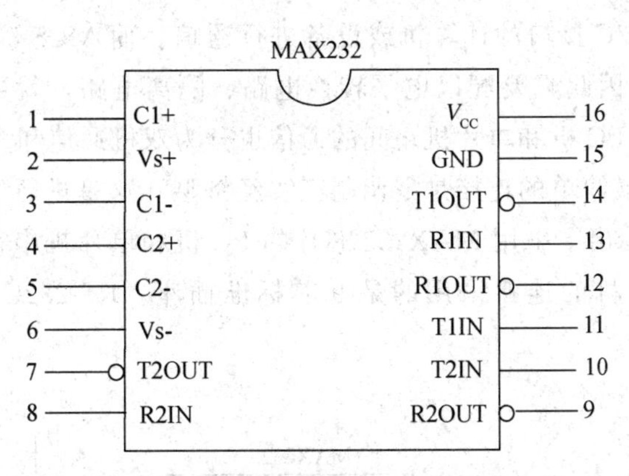

图 5-8　MAX232 芯片的引脚结构

（2）RS232 引脚。RS-232C 接口采用的是 25 针连接和 9 针连接，串行口如图 5-9 所示，RS-232C 引脚功能如表 5-1 所示。

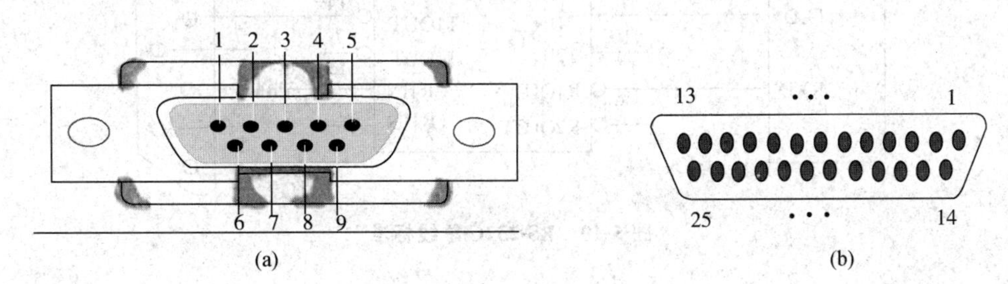

图 5-9　串行口

（a）9 针串行口；（b）25 针串行口

表 5-1　RS-232C 引脚功能

9 针	25 针	简写	功能
1	8	CD	载波侦测（Carrier Detect）
2	3	RXD	接收数据（Receive）
3	2	TXD	发送数据（Transmit）
4	20	DTR	数据终端设备（Data Terminal Ready）
5	7	GND	地线（Ground）
6	6	DSR	数据准备好（Data Set Ready）
7	4	RTS	请求发送（Request To Send）
8	5	CTS	消除发送（Clear To Send）
9	22	RI	振铃指示（Ring Indicator）

（3）RS-232C 接口电路。在 PC 机系统内部装有异步通信适配器，利用它可以实现异步串行通信。该适配器的核心元件是可编程的 Intel8250 芯片，它使 PC 机有能力与

其他具有标准 RS-232C 接口的计算机或设备进行通信。而 MCS-51 单片机本身具有一个全双工的串行口，因此只要配以电平转换电路、隔离电路，就可组成一个简单可行的通信接口。同样，PC 机和单片机之间的通信也分为双机通信和多机通信。

PC 机和单片机最简单的连接是零调制三线经济型。这是进行全双工通信所必需的最少线路。图 5-10 给出了采用 MAX232 芯片的 PC 机和单片机串行通信接口电路，其中，MAX232 与 PC 机的连接采用的是 9 芯标准插座。RS-232C 总线标准如图 5-10 所示。

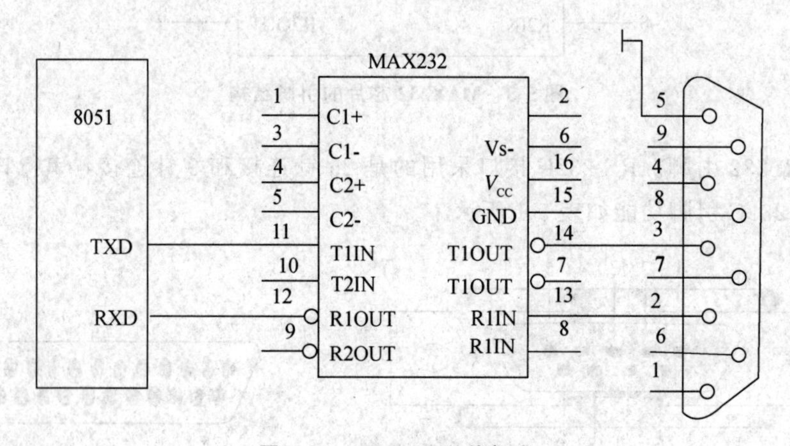

图 5-10　RS-232C 总线标准

7. 串行接口及工作方式

MCS-51 单片机串行口结构示意图如图 5-11 所示。

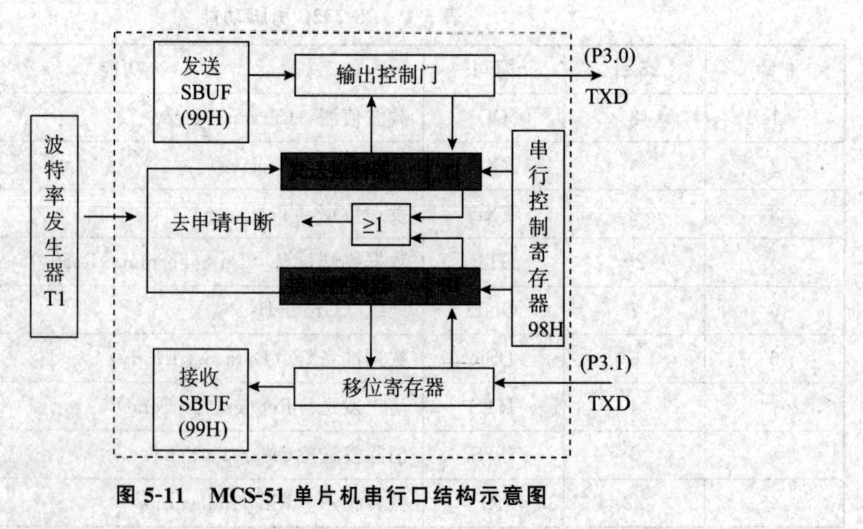

图 5-11　MCS-51 单片机串行口结构示意图

串行口通过引脚 RXD（P3.0，串行数据接收端）和引脚 TXD（P3.1，串行数据发送端）与外界进行通信。

串行发送与接收的速率与移位时钟同步，定时器/计数器 T1 作为串行通信的波特

率发生器，T1 溢出率经 2 分频（或不分频）又经 16 分频作为串行发送或接收的移位时钟。

串行口的接收和发送由串行口缓冲寄存器 SBUF、串行口控制寄存器 SCON 和电源控制寄存器 PCON 来控制。

(1) 串行口缓冲寄存器。SBUF 串行口缓冲寄存器 SBUF 是一个地址为 99H 的特殊功能寄存器，用来存放将要发送和接受的数据。在物理结构上，它对应着发送缓冲寄存器和接受缓冲寄存器，它们共用一个地址。CPU 通过读或写来区别究竟对哪个缓冲寄存器进行操作，即发送缓冲寄存器只能写入不能读出。当 CPU 向 SBUF 发出“写”命令时（执行指令 MOV SBUF，A），表示将 A 中数据写入发送缓冲寄存器。接收缓冲寄存器只能读出而不能写入。当执行读 SBUF 的命令时（执行指令 MOV A，SBUF），则表示将接收到的数据从接收缓冲寄存器读出送入 A 中。

(2) 串行口控制寄存器 SCON (98H)。串行口控制寄存器 SCON 用于设定串行口的工作方式、接收/发送控制以及设置状态标志。

串行口工作方式选择如表 5-2 所示。

表 5-2　串行口工作方式选择

SM0 SM1	工作方式	功能说明	波特率
0　0	方式 0	移位寄存器工作方式	$f_{OSC}/12$
0　1	方式 1	10 位数据的异步收发方式	可变（T1 溢出/n）
1　0	方式 2	11 位数据的异步收发方式	$f_{OSC}/64$ 或 $f_{OSC}/32$
1　1	方式 3	11 位数据的异步收发方式	可变（T1 溢出/n）

SM2：多机通信控制位。仅用于工作方式 2 和工作方式 3 的多机通信。其中发送机 SM2＝1（需要程序控制设置）。接收机的串行口工作于方式 2 或 3，SM2＝1 时，只有当接收到第 9 位数据（RB8）为 1 时，才把接收到的前 8 位数据送入 SBUF，且置位 RI 发出中断申请引发串行接收中断，否则会将接受到的数据放弃。当 SM2＝0 时，就不管第 9 位数据是 0 还是 1，都将数据送入 SBUF，并置位 RI 发出中断申请。工作于方式 0 时，SM2 必须为 0。

REN：串行接收允许位：当 REN＝0 时，禁止接收；当 REN＝1 时，允许接收。

TB8：在工作方式 2、方式 3 中，TB8 是发送机要发送的第 9 位数据。在多机通信中它代表传输的地址或数据，TB8＝0 为数据，TB8＝1 为地址。

RB8：在工作方式 2、方式 3 中，RB8 是接收机接收到的第 9 位数据，该数据正好来自发送机的 TB8，从而识别接收到的数据特征。

TI：串行口发送中断请求标志。当 CPU 发送完一串行数据后，此时 SBUF 寄存器为空，硬件使 TI 置 1，请求中断。CPU 响应中断后，由软件对 TI 清零。

RI：串行口接收中断请求标志。当串行口接收完一帧串行数据时，此时 SBUF 寄存器为满，硬件使 RI 置 1，请求中断。CPU 响应中断后，用软件对 RI 清零。

（3）电源控制寄存器 PCON。PCON 主要用于 CHMOS 的 80C51 单片机实现电源控制（低 4 位）。在 HMOS 型的 8051 单片机中，除 PCON.7 的 SMOD 位，其余位均无意义。SMOD 称为波特率选择位。在工作方式 1、工作方式 2、工作方式 3 中，若 SMOD=1，则波特率提高一倍；若 SMOD=0，则波特率不变。复位时，SMOD=0。SMOD：波特率加倍位。SMOD=1，当串行口工作于方式 1、工作方式 2、工作方式 3 时，波特率加倍。SMOD=0，波特率不变。GF1、GF0：通用标志位。PD（PCON.1）：掉电方式位。当 PD=1 时，进入掉电方式。IDL（PCON.0）：待机方式位。当 IDL=1 时，进入待机方式。

另外与串行口相关的寄存器有前面文章叙述的定时器相关寄存器和中断寄存器。定时器寄存器用来设定波特率。中断允许寄存器 IE 中的 ES 位也用来作为串行 I/O 中断允许位。当 ES=1 时，允许串行 I/O 中断；当 ES=0，禁止串行 I/O 中断。中断优先级寄存器 IP 的 PS 位则用作串行 I/O 中断优先级控制位。当 PS=1 时，设定为高优先级；当 PS=0 时，设定为低优先级。

任务实施

（1）使用 Keil C51 编译源程序。编译成功后的可烧录的 hex 文件如图 5-12 所示。

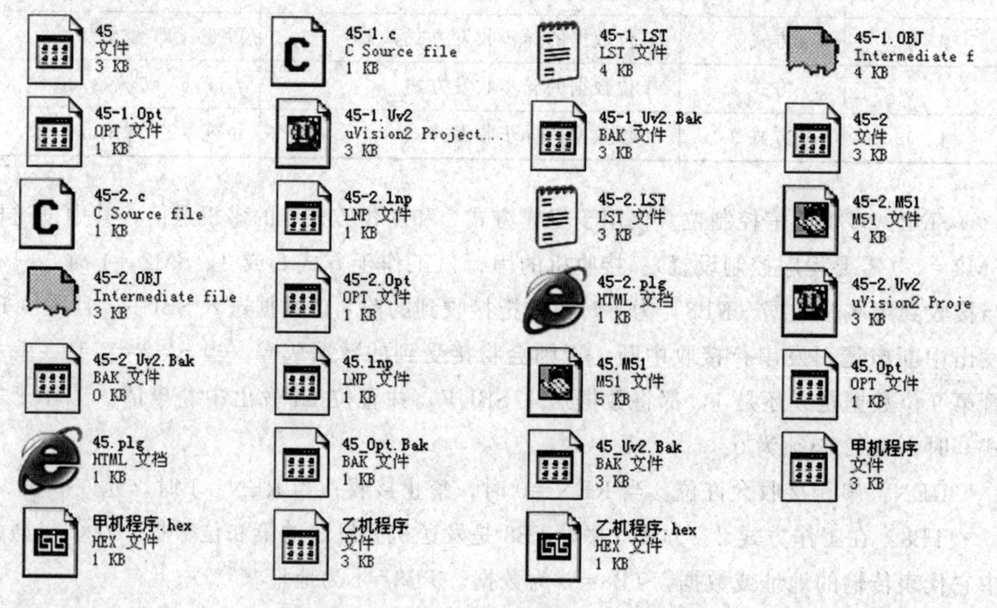

图 5-12　编译成功后的可烧录的 hex 文件

（2）使用 Proteus 系统仿真软件调试。甲机和乙机的通信的仿真结果如图 5-13 所示。

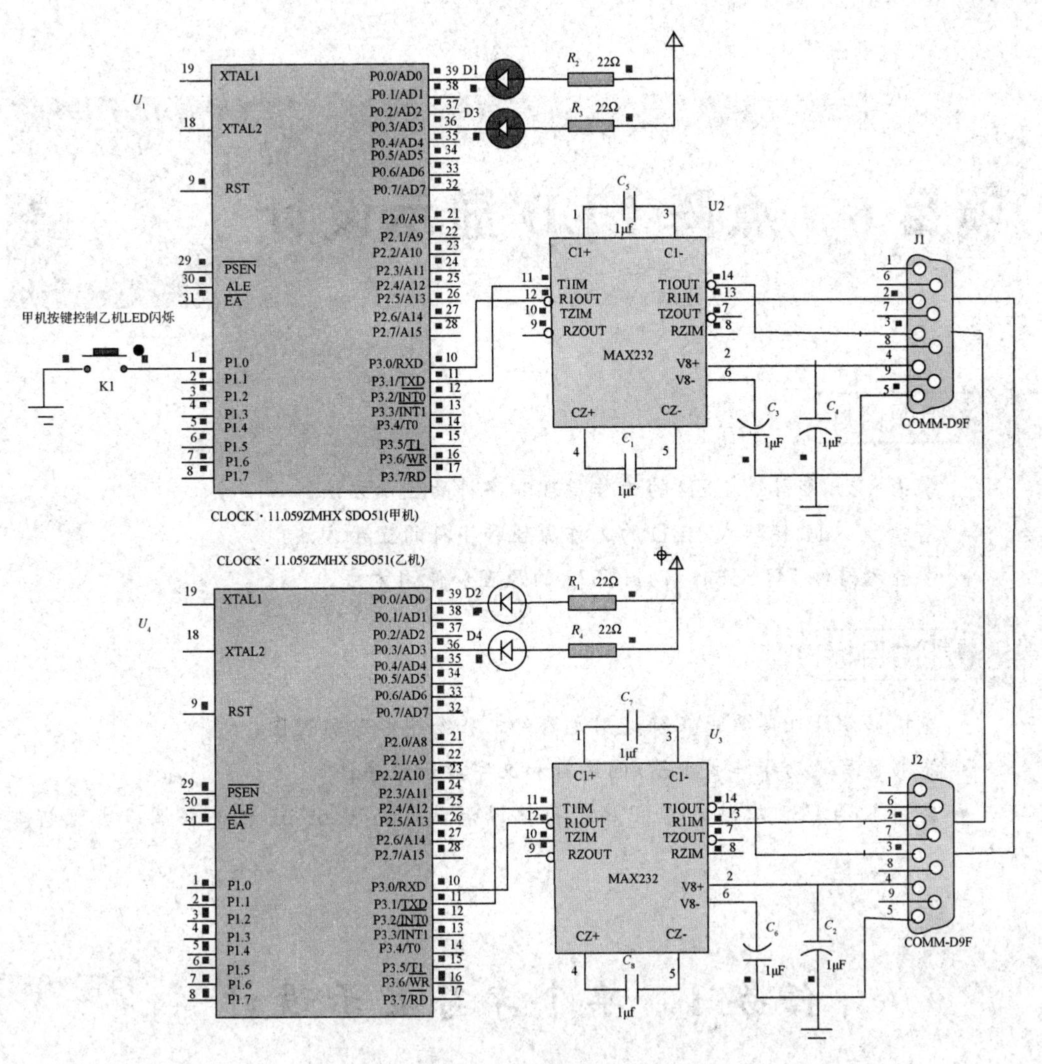

图 5-13　甲机和乙机的通信的仿真结果

项目习题

1. 串行通信的工作方式有哪些？换成其他工作方式，试着修改程序并仿真出结果。
2. 根据仿真情况完成实训室工单。

项目 6　点阵 LED 显示设计

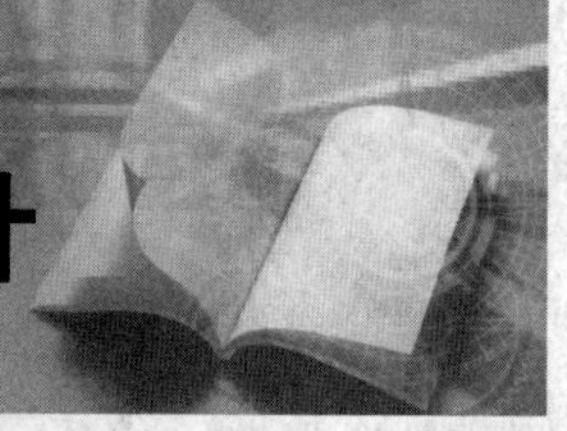

知识目标

- 掌握 8×8 矩阵式 LED 的工作原理和字符的显示方法；
- 掌握 16×16 矩阵式 LED 的工作原理和字符的显示方法；
- 学会元器件 74LS164、74HC573 的原理和使用方法。

能力目标

- 能根据设计任务要求正确选用元器件，并绘制电路原理图；
- 能够编写驱动矩阵式 LED 的字符和汉字显示程序；
- 会用 Keil C51 软件对源程序进行编译调试及与 Proteus 软件联调，实现电路仿真。

任务 1　单个字符显示设计

提出任务

单个 LED 或者是数码管作为显示器件，只能显示简单的几个有限的简单字符，对于复杂的字符（比如汉字）以及图形等则无法显示。矩阵式 LED 将诸多个 LED 按矩阵的方式组合一起，通过控制每个 LED 的工作，可完成各种字符和图形的显示。有关点矩阵显示器的商品，市面上有很多，例如活动字幕机广告、汽车站与火车站的车次显示板、活动布告板、股票显示板等。本任务利用 AT89S51 单片机来实现单个字符这一功能。用 AT89S51 作为控制核心，外接 8×8 矩阵式 LED，编写程序，使 8×8 矩阵式 LED 循环点亮 0～9 这 10 个数字，时间间隔为 1 s。

任务分析

1. 硬件分析

这里选择具有内部程序存储器的 AT89S51 单片机作为控制电路，其 P0 接 8×8 矩阵式 LED 的阳极，由于 P0 口没有上拉能力，所以采用接 8 个限流电阻后上接电源提供上拉电流，P3 接矩阵式 LED 的阴极。8×8 LED 点阵屏循环显示数字 0～9 电路图如图 6-1 所示。

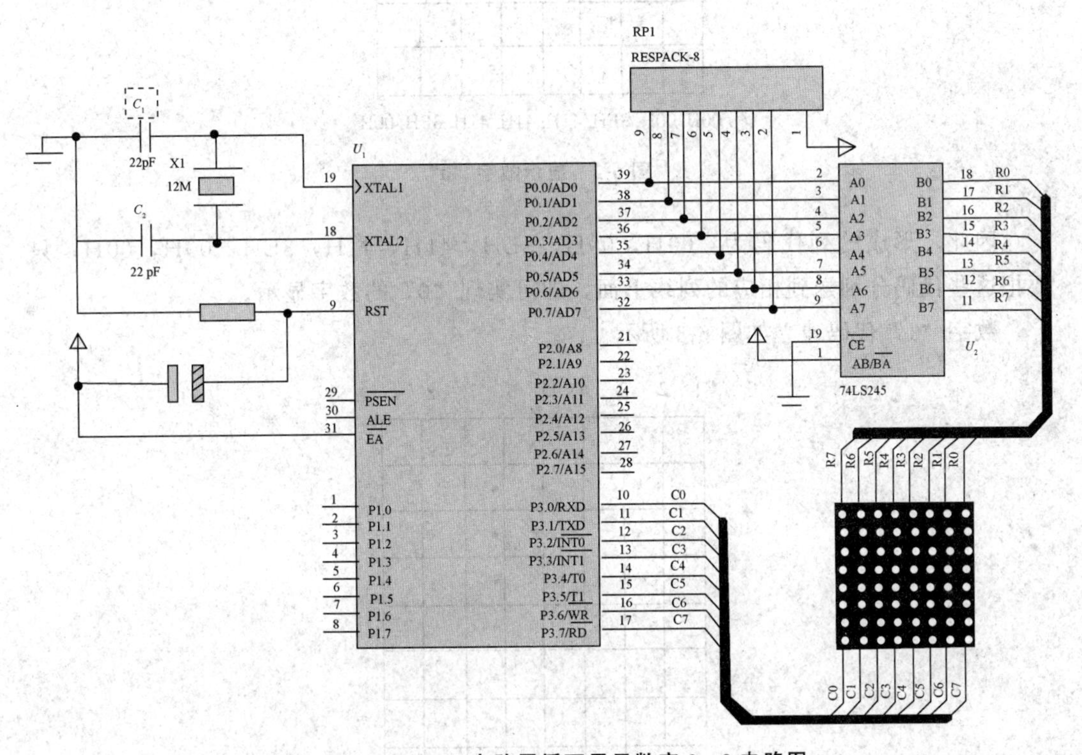

图 6-1　8×8 LED 点阵屏循环显示数字 0～9 电路图

2. 软件分析

为了 LED 正常的显示 0～9 这 10 个数字，首先要了解 0～9 这 10 个数字的具体显示代码。具体代码可以通过软件转换得到，也可以采用绘制方法得到，然后写出相应的代码。因此 0～9 等 10 个数字的代码可以由如下方法取得。

数字“0”代码建立如图 6-2 所示。

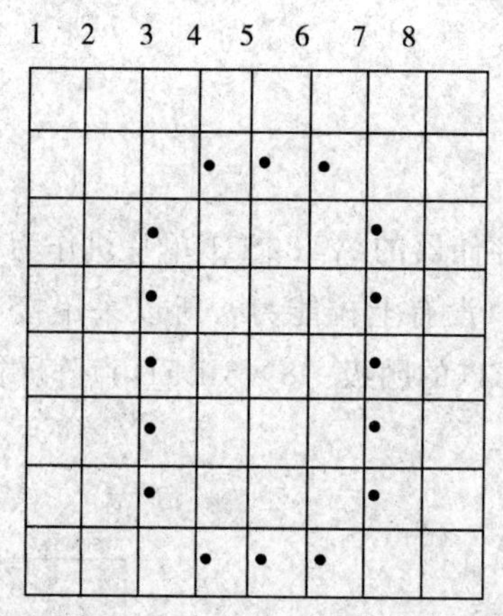

图 6-2 显示数字“0”

因此，形成的列代码为：00H，00H，3EH，41H，41H，3EH，00H，00H；只要把这些代码分别送到相应的列线上面，即可实现“0”的数字显示。

数字“1”代码建立如图 6-3 所示。

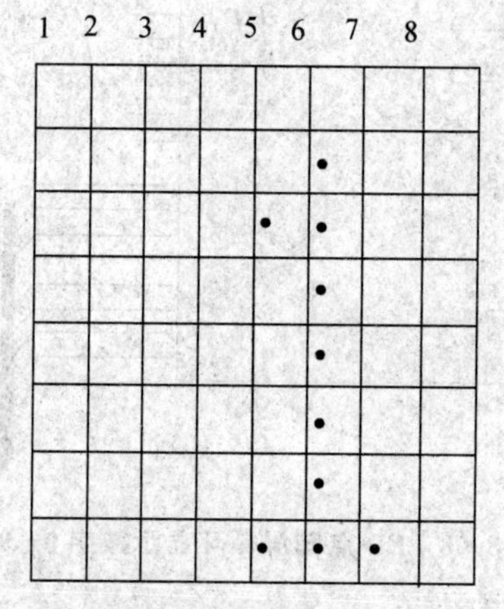

图 6-3 显示数字“1”

其显示代码为：00H，00H，00H，00H，21H，7FH，01H，00H。

数字“2”代码建立如图 6-4 所示。

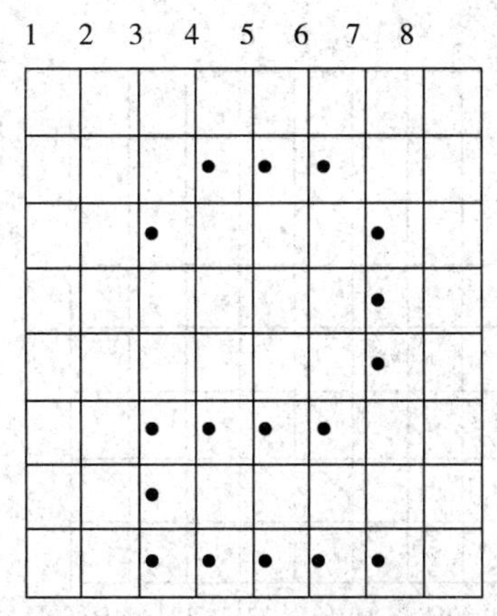

图 6-4　显示数字“2”

其显示代码为：00H，00H，27H，45H，45H，45H，39H，00H。

数字“3”代码建立如图 6-5 所示。

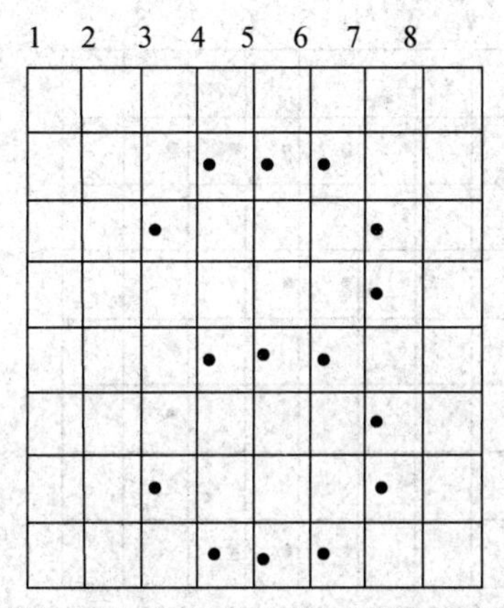

图 6-5　显示数字“3”

其显示代码为：00H，00H，22H，49H，49H，49H，36H，00H。

数字“4”代码建立如图 6-6 所示。

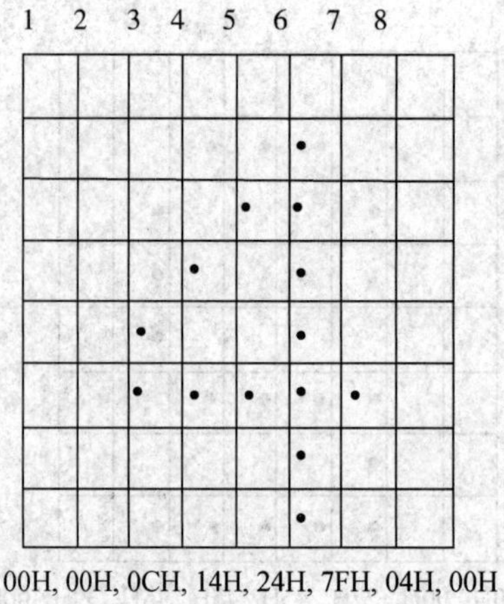

1 2 3 4 5 6 7 8

00H, 00H, 0CH, 14H, 24H, 7FH, 04H, 00H

图 6-6 显示数字“4”

其显示代码为：00H，00H，0CH，14H，24H，7FH，04H，00H。

数字“5”代码建立如图 6-7 所示。

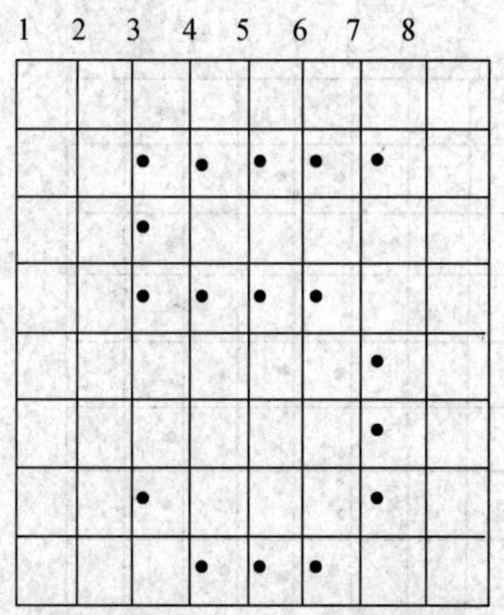

00H, 00H, 72H, 51H, 51H, 51H, 4EH, 00H

图 6-7 显示数字“4”

其显示代码为：00H，00H，72H，51H，51H，51H，4EH，00H。

数字“6”代码建立如图 6-8 所示。

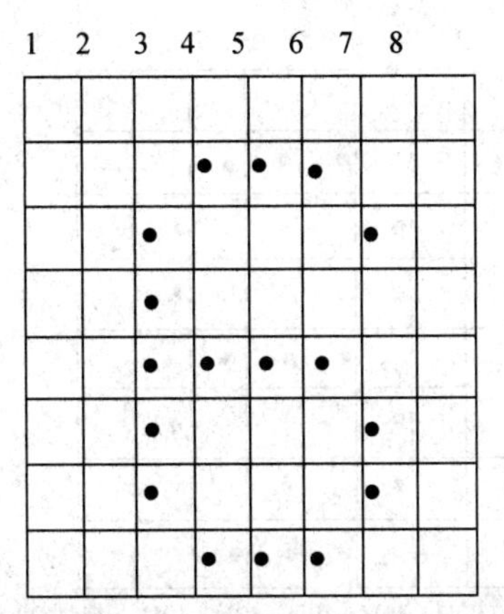

图 6-8　显示数字“6”

其显示代码为：00H，00H，3EH，49H，49H，49H，26H，00H。

数字“7”代码建立如图 6-9 所示。

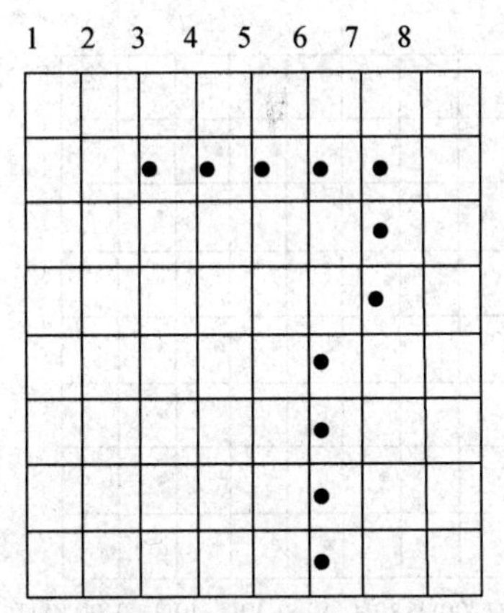

图 6-9　显示数字“7”

其显示代码为：00H，00H，40H，40H，40H，4FH，70H，00H。

数字“8”代码建立如图 6-10 所示。

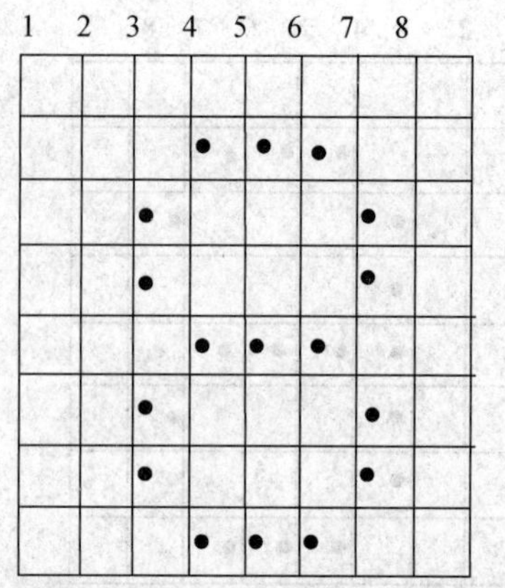

图 6-10 显示数字“8”

其显示代码为：00H，00H，36H，49H，49H，49H，36H，00H。

数字“9”代码建立如图 6-11 所示。

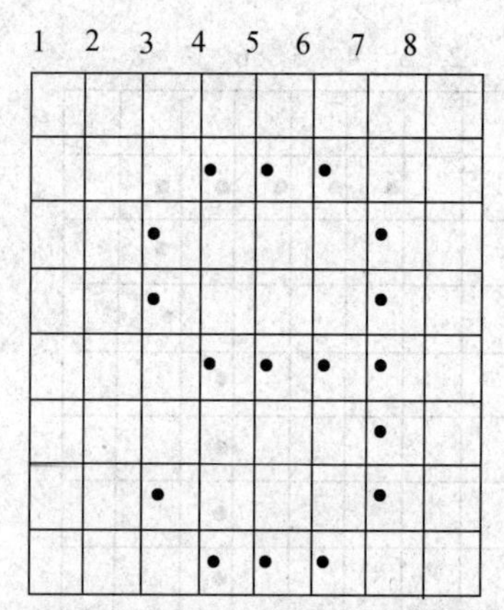

图 6-11 显示数字“9”

其显示代码为：00H，00H，32H，49H，49H，49H，3EH，00H。

要想在 8×8 的 LED 点阵上显示一个数字，因为点阵的公共端是连接在一起的，就像我们在前面讲过的数码管的动态显示类似，是不能同时将这些 LED 进行点亮的。只能采用按行或者是按列进行控制。那么，怎么样去控制 LED 显示一个字符的呢？送显示代码过程简单如下：送第一列线代码到 P0 端口，同时置第一行线为“0”，其他行线为“1”，延时 2 ms 左右，送第二列线代码到 P0 端口，同时置第二行线为“0”，其他行线为“1”，延时 2 ms 左右，如此下去，直到送完最后一列代码，又从头开始送。以显示字符“0”为例：

首先在 P0 送首个行码 00H，在 P3 口首个列码 FEH；

其次在 P0 送第二个行码 00H，在 P3 口第二个列码 FDH；

再次在 P0 送第三个行码 3EH，在 P3 口第三个列码 FBH；

最后在 P0 送第四个行码 3EH，在 P3 口第四个列码 F7H；

依次把所在的行码送完，这样就可以显示一个“0”字了，接着再重复上述过程，把所有的数字都显示完就可以达到效果了。

思考：如果要显示 A～F 字符，该怎样修改程序呢？

3. 源程序编程

根据程序流程图编写的源程序 dz7-1. c 如下。

```
# include< reg51. h>
# include< intrins. h>
# define uchar unsigned char
# define uint unsigned int
uchar code Table_of_Digits[]=
{
    0x00,0x3e,0x41,0x41,0x41,0x3e,0x00,0x00,     //0
    0x00,0x00,0x00,0x21,0x7f,0x01,0x00,0x00,     //1
    0x00,0x27,0x45,0x45,0x45,0x39,0x00,0x00,     //2
    0x00,0x22,0x49,0x49,0x49,0x36,0x00,0x00,     //3
    0x00,0x0c,0x14,0x24,0x7f,0x04,0x00,0x00,     //4
    0x00,0x72,0x51,0x51,0x51,0x4e,0x00,0x00,     //5
    0x00,0x3e,0x49,0x49,0x49,0x26,0x00,0x00,     //6
    0x00,0x40,0x40,0x40,0x4f,0x70,0x00,0x00,     //7
    0x00,0x36,0x49,0x49,0x49,0x36,0x00,0x00,     //8
    0x00,0x32,0x49,0x49,0x49,0x3e,0x00,0x00      //9
};
uchar i= 0,t= 0,Num_Index;
                                                 //主程序
void main()
{
    P3= 0x80;
    Num_Index= 0;                                //从 0 开始显示
    TMOD= 0x00;                                  //T0 方式 0
    TH0= (8192- 2000)/32;                        //2ms 定时
    TL0= (8192- 2000)% 32;
    IE= 0x82;
    TR0= 1;                                      //启动 T0
    while(1);
}
                                                 //T0 中断函数
```

```
void LED_Screen_Display() interrupt 1
{
    TH0= (8192- 2000)/32;                          //恢复初值
    TL0= (8192- 2000)% 32;
    P0= 0xff;                                      //输出位码和段码
    P0= ~ Table_of_Digits[Num_Index* 8+ i];
    P3= _crol_(P3,1);
    if(+ + i= = 8) i= 0;                           //每屏一个数字由 8 个字节构成
    if(+ + t= = 250)                               //每个数字刷新显示一段时间
    {
        t= 0;
        if(+ + Num_Index= = 10) Num_Index= 0;      //显示下一个数字
    }
}
```

知识链接

1. 点矩阵的结构与种类

LED 点阵显示器件是将要显示的字符（包括汉字），主要适用于汉字显示。点矩阵显示器的种类，按大小分，可分为 5×7，5×8，6×8，8×8；按 LED 发光变化颜色分，可分为单色、双色、三色；按 LED 的极性排列方式又可分为共阳极与共阴极。

8×8 共阳 LED 点矩阵如图 6-12 所示，8×8 点矩阵 LED 引脚图如图 6-13 所示。

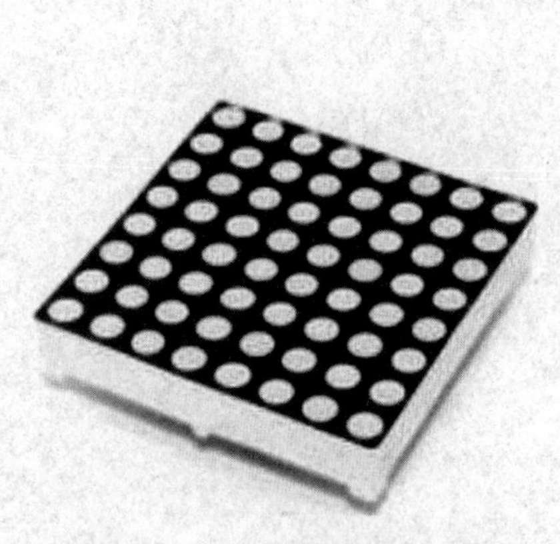

图 6-12　8×8 共阳 LED 点矩阵

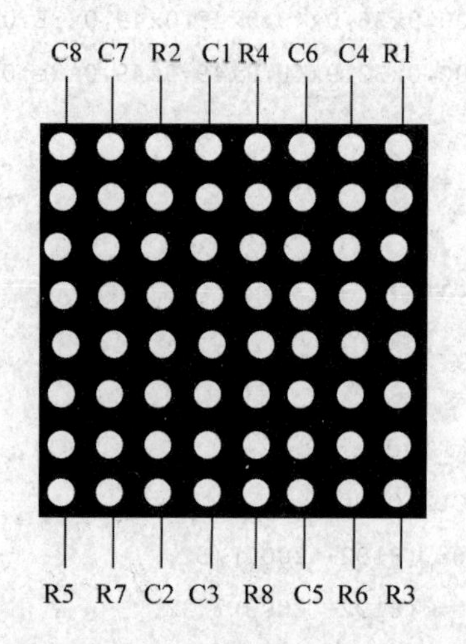

图 6-13　8×8 点矩阵 LED 引脚图

2. 点矩阵的工作原理

由于点矩阵的种类很多，不能一一说明其工作原理，不过所有的点矩阵的工作原理都差不多相同。下面就以 8×8 点阵 LED 工作原理做说明。其他类型的点矩阵工作

原理，读书可以触类旁通。图 6-14 是 8×8 共阳 LED 点矩阵的内部结构图。

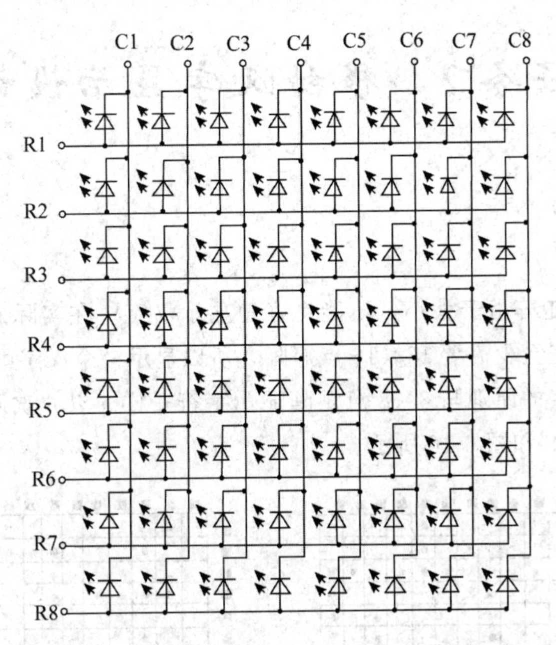

图 6-14 8×8 共阳 LED 点阵内部结构图

从图 6-14 中可以看出，8×8 共阳 LED 点矩阵共需要 64 个发光二极管组成，且每个发光二极管是放置在行线和列线的交叉点上，当对应的某一行置 1 电平，某一列置 0 电平，则相应的二极管就亮。若要使某一行亮，则对应的行置 1，而列则采用扫描依次输出 0 来实现。若要使某一列亮，则对应的列置 0，而列则采用扫描依次输出 1 来实现。

任务实施

(1) 运行 C 语言编辑软件，在编辑区中输入上面的源程序，并以"dz7－1. c"为文件名存盘。

(2) 运行 Keil C51，然后建立一个"dz7-1. uv2"的工程项目。把源程序文件"dz7-1. c"添加到工程项目中，进行编译，得到目标代码文件"dz7-1. hex"。

(3) 运行 Proteus，在编辑窗口中绘制电路图并存盘。然后选中单片机 AT89s51，右键点击 AT89s51，添加"dz7-1. hex"，在 Program File 后面的按钮，找到刚才编译好的"dz7-1. hex"文件，然后点击"OK"就可以进行仿真了。点击模拟调试按钮的运行按钮，进入调试状态。此时可看到从 0 开始显示一直到 9，重复循环。

任务2 移动汉字显示设计

提出任务

5×7、8×8 点矩阵由于太小，不能良好地显示汉字。在实际的应用中，要能良好地显示一个汉字，则至少需要 16×16 点矩阵，所以显示一个汉字则采用 4 块 8×8 点矩阵来组成，显示汉字的原理与 8×8 点矩阵显示字符一样。以“欢迎”二字为例，字符的点矩阵图如图 6-15 和图 6-16 所示。

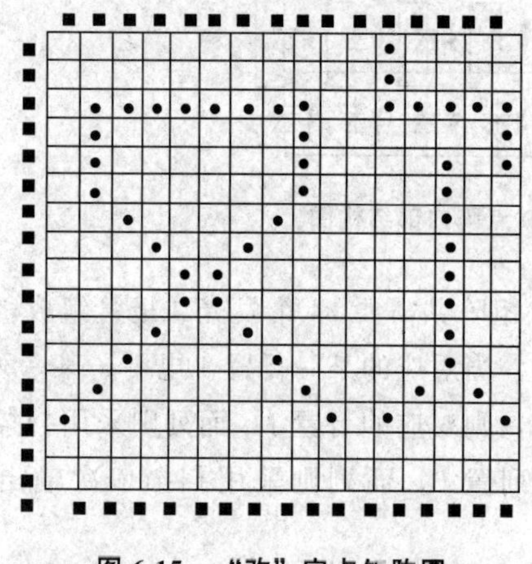

图 6-15 “欢”字点矩阵图

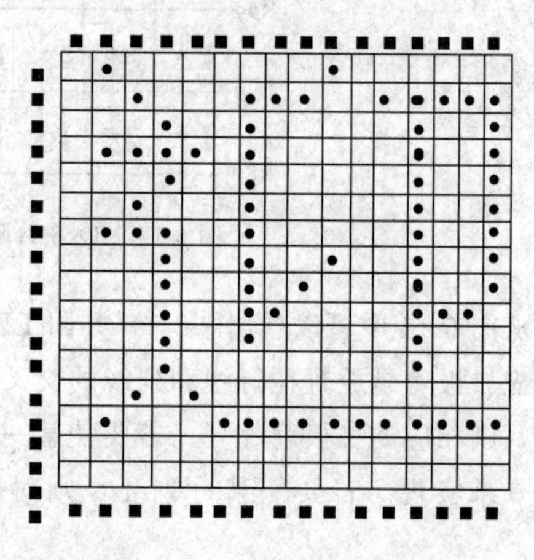

图 6-16 “迎”字点矩阵图

用 AT89S51 作为控制核心，在 16×16 点矩阵式 LED 上编写程序实现移动汉字的显示，显示的汉字为“柳州欢迎您!”。

任务分析

1. 硬件分析

电路组成。电路包括单片机、电源电路、时钟电路、复位电路、驱动电路和 LED 点阵电路等。由于在 Proteus 软件目前版本中还没有 16×16 点矩阵模块，因此采用现有的 8×8 点矩阵模块组合成一个 16×16 点矩阵模块。本设计中需要四片 74HC138 译码器，循环扫描各列，显示一个完整的汉字需要扫描 32 次。硬件电路原理图如图 6-17 所示。

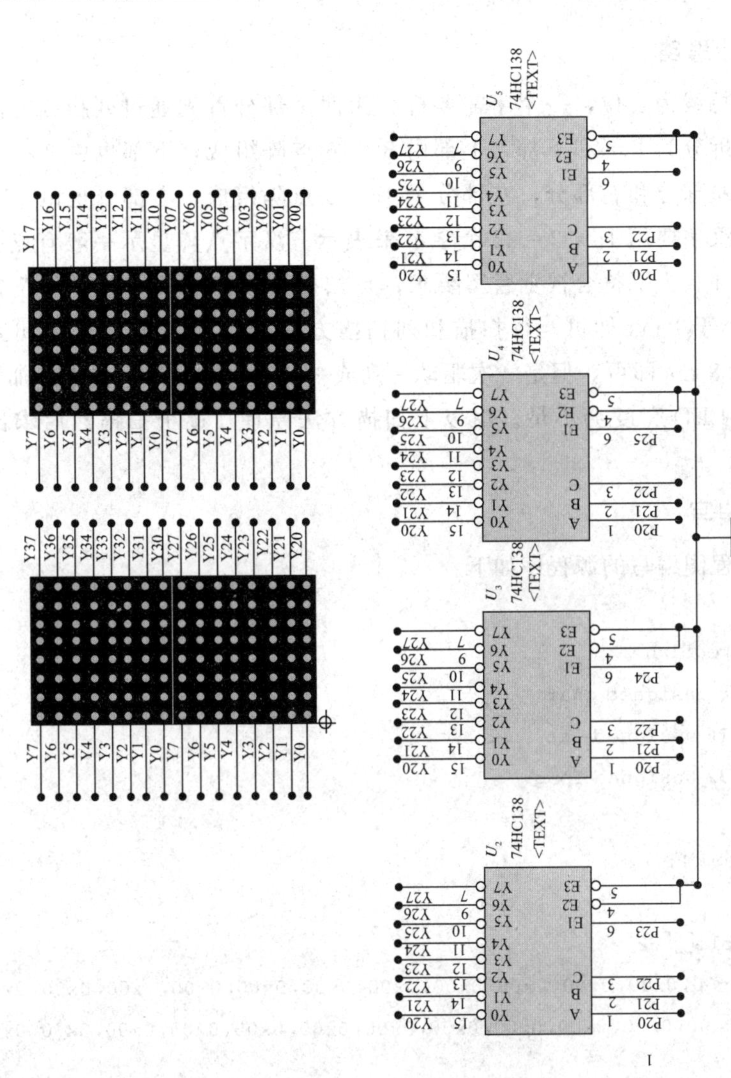

图6-17　移动汉字显示点阵电路图

2. 软件设计思路

由于单片机总线为8位，一个字需要拆分为两个部分首先通过列扫描方法获取汉字代码。汉字可拆分为上部和下部，上部由8×16点阵组成，下部也由8×16点阵组成，也可以分为左部分和右部分，左部分是16×8点阵组成，右部分也由16×8点阵组成，因此一个汉字要用16×2=32个字节来表示。汉字点阵显示一般有点扫描、行扫描和列扫描3种。为了符合视觉暂留要求，点扫描方法扫描频率必须大于16×64=1024 Hz，周期小于1 ms即可。行扫描和列扫描方法扫描频率必须大于16×8=128 Hz，周期小于7.8 ms即可，但是一次驱动一列或一行（8颗LED）时需外加驱动电路提高电流，否则LED亮度会不足。由以上扫描方法原理，逐个扫描然后求出相应的代码。

3. 源程序编写

根据程序流程图编写的源程序如下。

```
                                        //文件名 dz7-2.c
#include <reg51.h>
#define int8 unsigned char
#define int16 unsigned int
#define int32 unsigned long
int8 flag,n;
void delay(void);
int16 offset;
int8 code table[][32]= {
{0x00,0x00,0x00,0x00,0x00,0x00,0x00,0x00,0x00,0x00,0x00,0x00,0x00,0x00,0x00,
0x00,0x00,0x00,0x00,0x00,0x00,0x00,0x00,0x00,0x00,0x00,0x00,0x00,0x00,0x00,0x00,
0x00},/* " " */
{0x00,0x20,0x04,0x40,0x40,0x80,0x05,0x00,0x7f,0xf8,0x09,0x00,0x00,0x08,0x1f,
0x90,0x11,0x20,0x27,0xc0,0x08,0x00,0x0f,0xfe,0x10,0x80,0x10,0x40,0x1f,0x80,0x00,
0x00},/* 柳 */
{0x00,0x00,0x00,0x84,0x07,0x08,0x00,0x30,0x3f,0xc0,0x00,0x00,0x07,0x00,0x00,
0x00,0x3f,0xf0,0x40,0x00,0x03,0x00,0x00,0x00,0x7f,0xfd,0x00,0x00,0x00,0x00,0x00,
0x00},/* 州 */
{0x28,0x04,0x24,0x08,0x22,0x32,0x21,0xC2,0x26,0xC2,0x38,0x34,0x04,0x04,0x18,
0x08,0xF0,

0x30,0x17,0xC0,0x10,0x60,0x10,0x18,0x14,0x0C,0x18,0x06,0x10,0x04,0x00,0x00},/
* 欢 */
{0x02,0x02,0x82,0x04,0x73,0xF8,0x20,0x04,0x00,0x02,0x3F,0xE2,0x20,0x42,0x40,
0x82,0x40,0x02,0x3F,0xFA,0x20,0x02,0x20,0x42,0x20,0x22,0x3F,0xC2,0x00,0x02,0x00,
```

```
0x00},/* 迎 * /
    {0x01,0x00,0x02,0x04,0x0C,0x1C,0x3F,0xC0,0xC0,0x1C,0x09,0x02,0x16,0x02,0x60,
0x92,0x20,0x4A,0x2F,0x82,0x20,0x02,0x24,0x0E,0x22,0x00,0x31,0x90,0x20,0x0C,0x00,
0x00},/* 您 * /
    {0x00,0x00,0x00,0x08,0x1F,0xDC,0x3F,0x08,0x3C,0x00,0x30,0x00,0x00,0x00,0x00,
0x00,0x00,0x00,0x00,0x00,0x00,0x00,0x00,0x00,0x00,0x00,0x00,0x00,0x00,0x00,0x00,
0x00},/* ! * /
    {0x00,0x00,0x00,0x00,0x00,0x00,0x00,0x00,0x00,0x00,0x00,0x00,0x00,0x00,0x00,
0x00,0x00,0x00,0x00,0x00,0x00,0x00,0x00,0x00,0x00,0x00,0x00,0x00,0x00,0x00,0x00,
0x00} /* " " * /
    };
    void main(void)
    {
        int8 i;
        int8 * p;
        flag= 0x10;
        n= 0;
        TMOD= 0x01;
        TH0= 0xb1;
        TL0= 0xe0;

    ET0= 1;
        EA= 1;
        TR0= 1;
        p= &table[0][0];
        while (1)
        {
            for (i= 0;i< 8;i+ + )                   //显示左半边屏幕
              {  P3= * (p+ offset+ 2* i);
                P2= i|0x90;                         //P2.4= 1,P2.3= 0 选中 U3,输出扫
                                                      描码给 U7
                delay();
                P3= * (p+ offset+ 2* i+ 1);
                P2= i|0x08;                         //P2.4= 0,P2.3= 1 选中 U2,输出扫
                                                      描码给 U6
                delay();}
          for  (i= 8;i< 16;i+ + )                   //显示右半边屏幕
              {  P3= * (p+ offset+ 2* i);
              P2= (i- 8)|0xC0;                      //P2.6= 1  P2.5= 0,P2.4= 0 选中
```

```
                                                    U5,输出扫描码 U9
    delay();
            P3= * (p+ offset+ 2* i+ 1);
            P2= (i- 8)|0x20;                    // P2.5= 1  P2.4= 0,P2.3= 0 选中
                                                    U4,输出扫描码 U8

            delay();
        }
    }
```

任务实施

（1）运行 C 语言编辑软件，在编辑区中输入上面的源程序，并以“dz11-2.c”为文件名存盘。

（2）运行 Keil C51，然后建立一个“dz11-2.uv2”的工程项目。把源程序文件“dz11-2.c”添加到工程项目中，进行编译，得到目标代码文件“dz11-2.hex”。

（3）运行 Proteus，在编辑窗口中绘制如图 6-17 所示的电路图并存盘。然后选中单片机 AT89C51，双击 AT89C51，在 Program File 后面添加刚才编译好的“dz11-2.hex”文件，然后点击“OK”就可以进行仿真了。点击模拟调试按钮的运行按钮，进入调试状态。此时可看到移动的字符“柳州欢迎您!”，重复循环。

项目习题

1. 修改程序 dz7-2.c，使之循环显示“北京欢迎您!”。
2. 修改程序 dz7-2.c，使之循环显示“2018 我爱你中国”。

项目 7　液晶显示电路设计

知识目标

- 掌握 LCM1602 液晶模块显示西文的原理及使用方法；
- 掌握用 8 位数据模式及 4 位数据模式驱动 LCM1602 液晶的 C 语言编程方法；
- 掌握用 LCM1602 液晶模块显示数字的 C 语言编程方法。

能力目标

- 能够使用 LCM1602 液晶模块显示英文字符；
- 能够用 8 位数据模式及 4 位数据模式驱动 LCM1602 液晶；
- 能够用 LCM1602 液晶模块显示简单数字。

任务 1　LCM1602 液晶 8 位数据显示模式的设计

提出任务

用 AT89S51 驱动 LCM1602 液晶显示器，使液晶屏在第一行显示“welcome AT89S51!”，在第二行显示“LCD1602test... OK”。

任务分析

1. 硬件分析

用单片机的 P0 口接 LCM1602 液晶显示器的 8 位数据线，P2.5 接 RS，P2.6 接 RW，P2.7 接 E。电路原理图如图 7-1 所示。

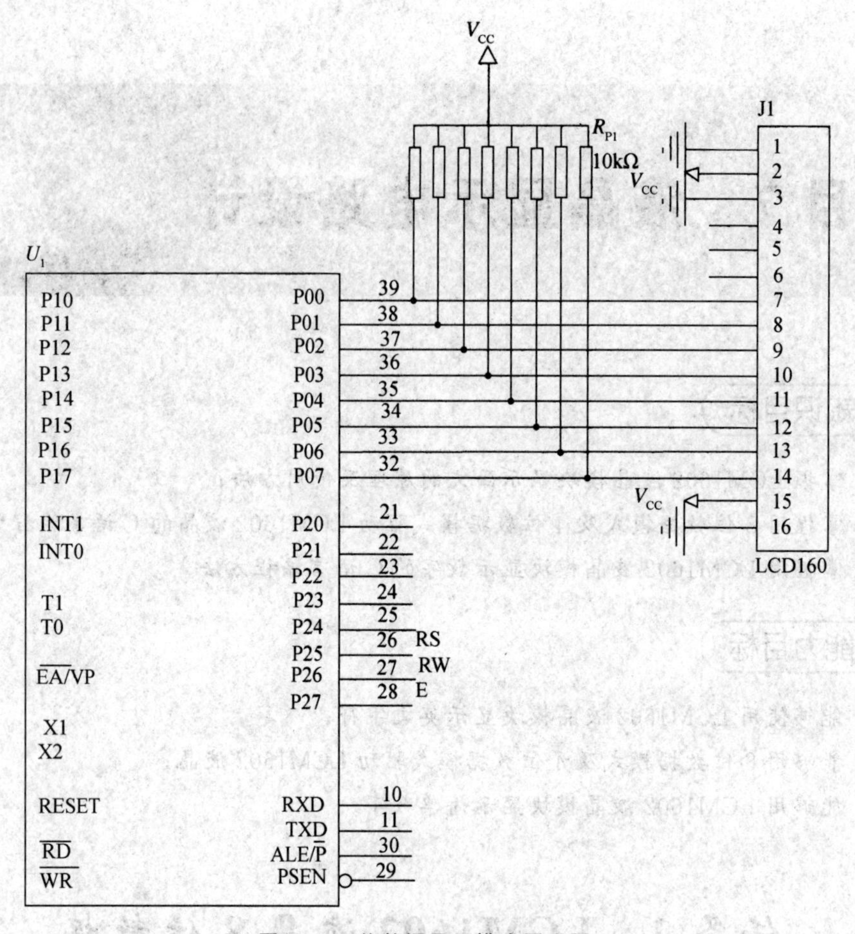

图 7-1　8 位数据显示模式原理图

2. 软件分析

软件程序设计要严格按照 LCM1602 液晶显示器的读操作时序和写操作时序来编写。单片机所用的晶体振荡器频率不同，在编写延时程序时延时参数要做适当的修改，使之符合 LCM1602 的时序要求。编写程序时尽量按照模块化的编程思想进行编程。其程序流程如图 7-2 所示。

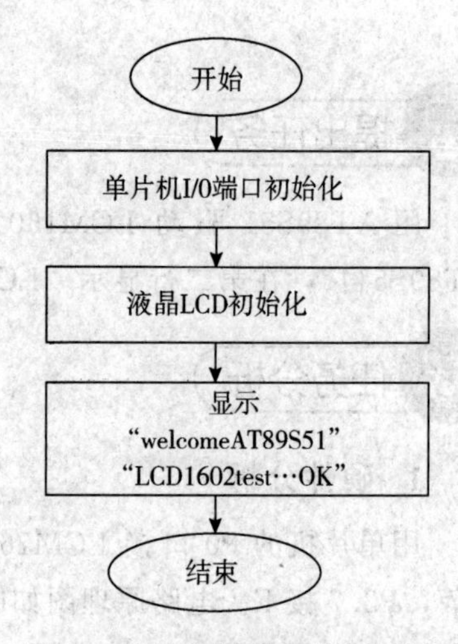

图 7-2　8 位数据显示模式流程图

3. 源程序的编写

源程序代码如下。

```
# include < reg51. h>
# include < intrins. h>
# define uchar unsigned char
# define uint unsigned int
```

```
# define DPORT P0                              //数据接口
sbit RW= P2^6;                                 //读写控制选择
sbit E= P2^7;                                  //便能端
sbit RS= P2^5;                                 //数据寄存器与指令寄存器选择控制端
sbit RS= P2^5;                                 //数据寄存器与指令寄存器选择控制端
uchar * s= "welcome AT89S51!";
uchar * s1= "LCD1602test...OK ";
const uchar NoDisp= 0;                         //无显示
const uchar NoCur= 1;                          //有显示无光标
const uchar CurNoFlash= 2;                     //有光标不闪烁
const uchar CurFlash= 3;                       //有光标且闪烁

/******************** 函数声明*************************** /
void LcdPos(uchar,uchar);                      //确定光标位置
void LcdWd(uchar);                             //写字符
void LcdWc(uchar);                             //送控制字(检测忙)
void LcdWcn(uchar);                            //送控制字(不检测忙)
void mDelay(uint);                             //延时m毫秒
void WaitIdle();                               //检测 LCD 控制器状态
/********************* 在指定行列显示指定字符*********** /
                                               //参数:xPox 光标所在列 yPos 光标所在行
                                                 c 待显示字符
void WriteChar(uchar c,uchar xPos,uchar yPos)
{  LcdPos(xPos,yPos);
   LcdWd(c);
}
/************ 显示字符串********************************* /
                                               //参数:* s 指向待显示字符串;yPos 光标
                                                 所在行;xPos 光标所在列
void WriteString(uchar * s,uchar xPos,uchar yPos)
{  uchar i;
   if(* s= = 0)                                //遇到字符串结束
       return;
   for(i= 0;;i+ + )
   {  if(* (s+ i)= = 0)
         break;
         WriteChar(* (s+ i),xPos,yPos);
         xPos+ + ;
         if(xPos> 15)
```

```
            break;
        }
    }
/*************** 设置光标********************************* /
                                                //参数:Para 4 种光标类型
void SetCur(uchar Para)
{  mDelay(2);
    switch(Para)
    {  case 0:
        {    LcdWc(0x08);                       //关显示
            break;
        }
        case 1:
        {    LcdWc(0x0c);                       //开显示无光标
            break;
        }
case 2:
        {    LcdWc(0x0e);                       //开显示光标不闪
            break;
        }
        case 3:
        {    LcdWc(0x0f);                       //开显示光标闪
            break;
        }
        default:
            break;
    }
}
/**************** 清屏********************************** /
void  ClrLcd()
{    LcdWc(0x01);
}

/*********** 正常读/写操作前检测 LCD 控制器状态********** /
void WaitIdle()
{    uchar tmp;
    RS= 0;
    RW= 1;
    E= 1;
```

```
    _nop_();
    for(;;)
    {   tmp= DPORT;
        tmp&= 0x80;
        if(tmp= = 0)
            break;
    }
    E= 0;
}
                                                  //参数:c 待写字符
void LcdWd(uchar c)
{   WaitIdle();
    RS= 1;
    RW= 0;
    DPORT= c;                                     //数据送端口
    E= 1;
    _nop_();
    _nop_();
    E= 0;
}
/********** 送控制字子程序(检测忙信号)************** /
                                                  //功能:。参数:c 控制字
void LcdWc(uchar c)
{   WaitIdle();
    LcdWcn(c);
}
/*********** 送控制字子程序(不检测忙信号)*********** /
                                                  //参数:c 控制字
void LcdWcn(uchar c)
{   RS= 0;
    RW= 0;
    DPORT= c;
    E= 1;
    _nop_();
E= 0;
}
/********** 设置第(xPos,yPos)个字符的地址************ /
                                                  //参数:xPos 为显示第几列,yPos 为显示第
                                                    几行
```

```
void LcdPos(uchar xPos,uchar yPos)
{  uchar tmp;
    xPos&= 0x0f;                                  //x:0- 15
    yPos&= 0x01;                                  //y:0- 1
    if(yPos= = 0)                                 //显示第 1 行
      tmp= xPos;
    else
      tmp= xPos+ 0x40;
    tmp|= 0x80;
    LcdWc(tmp);
}
/*************** 复位函数 *************************** /
void RstLcd()
{  mDelay(15);
    DPORT= 0;
    LcdWcn(0x38);                                 //显示模式设置
    mDelay(5);
    LcdWcn(0x38);                                 //显示模式设置
    mDelay(5);
    LcdWcn(0x38);                                 //显示模式设置
    mDelay(5);
    LcdWc(0x08);                                  //显示关闭
    LcdWc(0x01);                                  //显示清屏
    LcdWc(0x06);                                  //显示移动位置
    LcdWc(0x0c);                                  //显示开及光标设置
}
/****************** 延时函数 ********************** /
                                                  //功能:
void mDelay(uint j)
{  uchar i= 0;
    while(j- - )
        {
            for(i= 0;i< 124;i+ + )
                {;}
        }
    }
/********************* 主程序 ********************* /
void main()
{  uchar xPos,yPos;
```

```
    xPos= 0;
    yPos= 0;
    RstLcd();
    ClrLcd();
  SetCur(CurFlash);                          //开光标闪
    WriteString(s,xPos,yPos);
    xPos= 0;
    yPos= 1;
    WriteString(s1,xPos,yPos);
    while(1);
} }
```

知识链接

1. LCM1602 液晶点阵字符显示器的基本组成

LCM1602 液晶点阵字符显示器用 5×7 点阵图形来显示西文字符，可显示 2 行×16 个西文字符。单片机通过写控制方式访问驱动控制器来实现对显示屏的控制。LCM 的主要由 LCD 控制器、LCD 控制器、LCD 显示装置三部分组成，如图 7-3 所示。

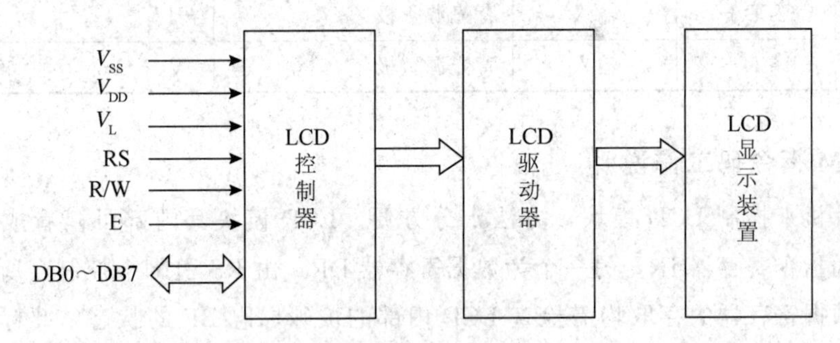

图 7-3　LCM 的组成

2. LCM1602 液晶点阵字符显示器的引脚及功能

以 HD44780 为控制器的 1602 字符型液晶显示器的引脚排列如图 7-4 所示，1602 字符型液晶显示器的引脚功能说明如表 7-1 所示。

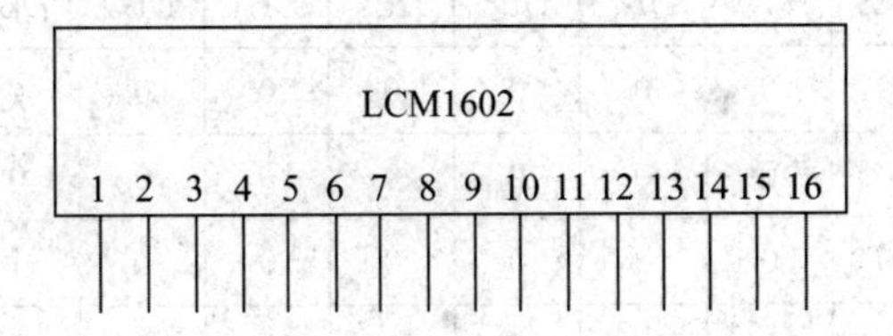

图 7-4　1602 字符型液晶显示器引脚排列

表 7-1　1602 字符型液晶显示器的引脚说明

引脚编号	名称	方向	功能	操作
1	V_{SS}	电源	电源接地	0V
2	V_{DD}	电源	电源正极	＋5V
3	V_L	电源	LCD 亮度调整电压输入	电压越低，屏幕越亮
4	RS	输入	寄存器选择信号	1＝选择数据寄存器 0＝选择指令寄存器
5	R/W	输入	Read/Write	1＝Read/读取 0＝Write/写入
6	E	输入	LCD/响应信号	1＝响应 LCD 0＝禁用 LCD
7～10	DB0～DB3	输入/输出	低四位总线	可用 4bit 输入数据、命令及地址
11～14	DB4～DB7	输入/输出	高四位总线	配合 DB0～DB3 的 8 位输入数据、命令及地址
15	LED＋	输入	背光源正极	＋5V
16	LED－	输入	背光源负极	0V

3. LCM 指令码工作说明

用单片机来控制 LCD 模块，方法十分方便。LCD 模块其内部可以看成两组寄存器，一个为指令寄存器 IR，另一个为数据寄存器 DR，由 RS 引脚来控制。所有对指令寄存器或数据寄存器的存取均需检查 LCD 内部的忙碌标志 BF 的状态，此标志用来告知 LCD 内部正在工作，并不允许接收任何控制命令。而此位的检查可以令 RS＝0，用读取 DB7 来加以判断。当 DB7 为 0 时，才可以写入指令寄存器或数据寄存器。LCD 控制器共有 11 种指令，LCD 指令码控制表如表 7-2 所示。

表 7-2　LCD 指令控制码表

序号	指令操作	RS	R/W	DB7	DB6	DB5	DB4	DB3	DB2	DB1	DB0	执行
1	清除显示屏	0	0	0	0	0	0	0	0	0	×	1.64μs
2	光标回到原点	0	0	0	0	0	0	0	0	1	×	1.64μs
3	进入模式设定	0	0	0	0	0	0	0	1	I/D	S	40μs
4	显示 ON/OFF	0	0	0	0	0	0	1	D	C	B	40μs
5	显示/光标移位	0	0	0	0	0	1	S/C	R/L	×	×	40μs
6	功能设定	0	0	0	0	1	DL	N	F	×	×	40μs

（续表）

序号	指令操作	RS	R/W	DB7	DB6	DB5	DB4	DB3	DB2	DB1	DB0	执行
7	设定字符发生器（CGRAM）地址	0	0	0	1	A5	A4	A3	A2	A1	A0	40μs
8	设置（DD RAM）显示地址	0	0	1	A6	A5	A4	A3	A2	A1	A0	40μs
9	忙碌标志位 BF	0	1	BF	D6	D5	D4	D3	D2	D1	D0	40μs
10	写入数据寄存器（显示数据）	1	0	D7	D6	D5	D4	D3	D2	D1	D0	40μs
11	读取数据寄存器	1	1	D7	D6	D5	D4	D3	D2	D1	D0	40μs

（1）清除显示屏（Clear Display），如表 7-3 所示。

表 7-3 清除显示屏

RS	R/W	DB7	DB6	DB5	DB4	DB3	DB2	DB1	DB0
0	0	0	0	0	0	0	0	0	×

（2）光标回原点（左上角），如表 7-4 所示。

表 7-4 光标回原点

RS	R/W	DB7	DB6	DB5	DB4	DB3	DB2	DB1	DB0
0	0	0	0	0	0	0	0	1	×

指令代码为 02H，地址计数器 AC 被清 0，但 DDRAM 内容保持不变，光标回原点（左上角），“×”表示该位可以为 0 或 1。

（3）设定进入模式，如表 7-5 所示。

表 7-5 设定进入模式

RS	R/W	DB7	DB6	DB5	DB4	DB3	DB2	DB1	DB0
0	0	0	0	0	0	0	1	I/D	S

I/D（INC/DEC）：I/D=1，表示当读或写完一个数据操作后，地址指针 AC 加 1，且光标加 1（光标右移一格）I/D=0，表示当读或写完一个数据操作后，地址指针 AC 减 1，且光标减 1（光标左移一格）

S（Shift）：S＝1 表示当写一个数据操作时，整屏显示左移（I/D＝1）或右移（I/D=0），以得到光标不移动而屏幕移的效果。S=0 表示当写一个数据操作时，整屏显示不移动。

（4）显示屏开关（Display ON/OFF），如表 7-6 所示。

表 7-6　显示屏开关

RS	R/W	DB7	DB6	DB5	DB4	DB3	DB2	DB1	DB0
0	0	0	0	0	0	1	D	C	B

D（Display）：显示屏开启或关闭控制位。当 D＝1 时，显示屏开启；当 D＝0 时，显示屏关闭，但 DDRAM 内的显示数据仍保留。

C（Cursor）：光标显示/关闭控制位。当 C＝1 时，表示在显示屏上显示光标，当 C＝0 时，表示光标不显示。

B（Blink）：光标闪烁控制位。当 B＝1 时，表示光标出现后会闪烁；当 B＝0 时，表示光标不闪烁。

（5）显示/光标移位（Display/Cursor shift），如表 7-7 所示。

表 7-7　显示/光标移位

RS	R/W	DB7	DB6	DB5	DB4	DB3	DB2	DB1	DB0
0	0	0	0	0	1	S/C	R/L	×	×

“×”表示该位可以为 0 或 1。

S/C（Display/Cursor）：S/C＝1 表示显示屏上的画面平移一个字符位，S/C＝0 表示光标平移一个字符位。

R/L（Right/Left）：R/L＝1 表示右移，R/L＝0 表示左移。

（6）功能设定（Function Set），如表 7-8 所示。

表 7-8　功能设定

RS	R/W	DB7	DB6	DB5	DB4	DB3	DB2	DB1	DB0
0	0	0	0	1	DL	N	F	×	×

“×”表示该位可以为 0 或 1。

DL（Data Legth）：数据长度选择位。DL＝1 时，为 8 位（DB7～DB0）数据接口；DL＝0 为 4 位数据接口，使用 DB7～DB4 位，分 2 次送入一个完整的字符数据。

N（Number of Display）：显示屏为单行或双行选择。N＝1 为双行显示；N＝0 为单行显示。

F（Font）：字符显示选择。当 F＝1 时，为 5×10 点阵字符；当 F＝0 时，为 5×7 点阵字符。

（7）字符产生器 RAM（CGRAM）地址设定，如表 7-9 所示。

表 7-9 字符产生器地址设定

RS	R/W	DB7	DB6	DB5	DB4	DB3	DB2	DB1	DB0
0	0	0	1	A5	A4	A3	A2	A1	A0

设定下一个要读/写数据的 CGRAM 地址，地址由（A5～A0）给出，可设定 00～3FH 共 64 个地址。

（8）显示数据 RAM（DDRAM）地址设定，如表 7-10 所示。

表 7-10 显示数据地址设定

RS	R/W	DB7	DB6	DB5	DB4	DB3	DB2	DB1	DB0
0	0	1	A6	A5	A4	A3	A2	A1	A0

设定下一个要读/写数据的 DDRAM 地址，地址由（A6～A0）给出，可设定 00～7FH 共 128 个地址。N=0 一行显示 A6～A0=00～4FH，N=1 两行显示，首行 A6～A0=00H～2FH，次行 A6～A0=40H～67H。

（9）忙碌标志/地址计数器读取（Busy Flag/Address Counter），如表 7-11 所示。

表 7-11 忙碌标志/地址计数器读取

RS	R/W	DB7	DB6	DB5	DB4	DB3	DB2	DB1	DB0
0	1	BF	A6	A5	A4	A3	A2	A1	A0

LCD 的忙碌标志 BF 用以指示 LCD 目前的工作情况；当 BF=1 时，表示正在做内部数据的处理，不接收单片机送来的指令或数据；当 BF=0 时，则表示已准备收命令或数据。当程序读取此数据的内容时，DB7 表示忙碌标志，而另外 DB6～DB0 的值表示 CGRAM 或 DDRAM 中的地址。至于是指向哪一地址，则根据最后写入的地址设定指令而定。

（10）写入数据寄存器，如表 7-12 所示。

表 7-12 写入数据寄存器

RS	R/W	DB7	DB6	DB5	DB4	DB3	DB2	DB1	DB0
1	0	D7	D6	D5	D4	D3	D2	D1	D0

先设定 CGRAM 或 DDRAM 地址，再将数据写入 DB7～DB0 中，以使 LCD 显示出字型，也可使使用者创的图形存入 CGRAM 中。

（11）读取数据寄存器，如表 7-13 所示。

表 7-13　读取数据寄存器

RS	R/W	DB7	DB6	DB5	DB4	DB3	DB2	DB1	DB0
1	1	D7	D6	D5	D4	D3	D2	D1	D0

先设定好 CGRAM 或 DDRAM 地址，再读取其中的数据。

4. LCD 控制器接口时序说明

（1）写操作时序（单片机至 LCD），写操作时序如图 7-5 所示。

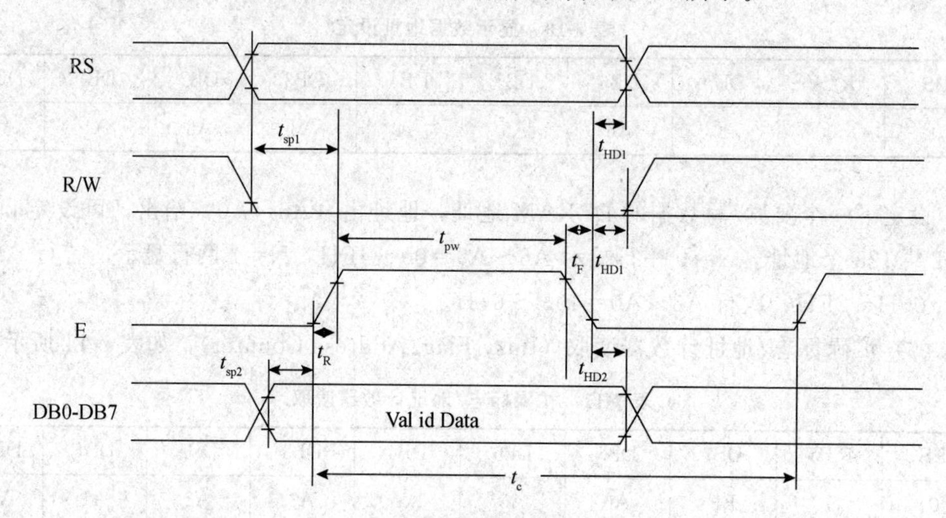

图 7-5　写操作时序

（2）读操作时序（LCD 至单片机），读操作时序如图 7-6 所示。

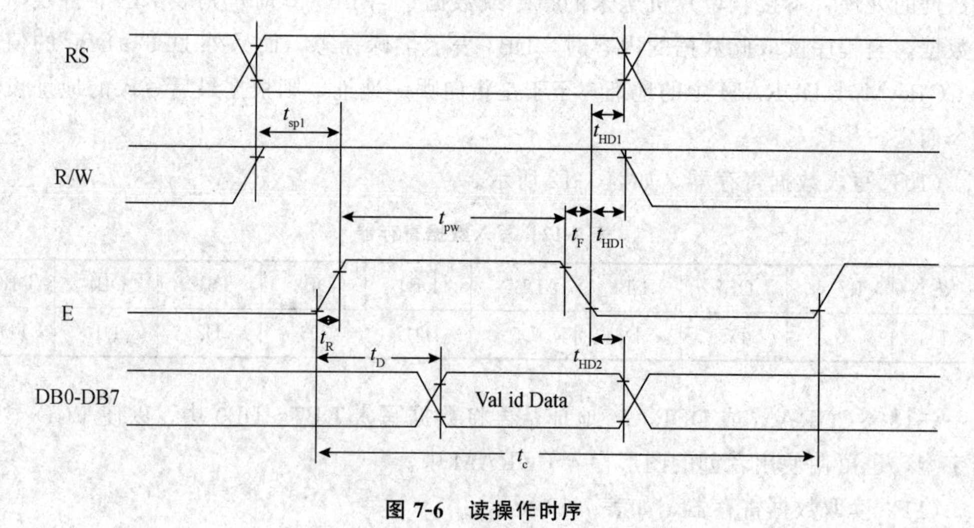

图 7-6　读操作时序

（3）时序参数，时序图中的各个延迟时间如表 7-14 所示。

表 7-14　时序图中的各个延迟时间

时序参数	符号	极限值			单位	测试条件
		最小值	典型值	最大值		
E 信号周期	t_C	400	—	—	ns	引脚 E
E 脉冲宽度	t_{PN}	150	—	—	ns	
E 上升沿/下降沿时间	t_R、t_F	—	—	25	ns	
地址建立时间	t_{SP1}	30	—	—	ns	引脚 E、RS、R/W
地址保持时间	t_{HD1}	10	—	—	ns	
数据建立时间（读操作）	t_D	—	—	100	ns	引脚 DB8～DB7
数据保持时间（读操作）	t_{HD2}	20	—	—	ns	
数据保持时间（读操作）	t_{SP2}	40	—	—	ns	
数据保持时间（读操作）	t_{HD2}	10	—	—	ns	

（4）信号真值表，读/写控制信号真值表如表 7-15 所示。

表 7-15　读/写控制信号真值表

RS	R/W	E	功能
0	0	下降沿	写指令代码
0	1	高电平	读忙标志和 AC 值
0	0	下降沿	写数据
0	1	高电平	读书据

5. LCD 初始化设置

（1）初始化设置

①显示器清屏。

②显示器开/关及光标设置。

③显示光标移动设置。

（2）数据控制。控制器内部设有一个数据地址指针，用户可通过它们来访问内部全部 80 字节 RAM。

①数据指针设置。数据地址指针：80H＋地址码（00H～27H，40H～67H）

②读数据。如表 7-15 所示。

③写数据。如表 7-15 所示。

6. LCD 初始化过程（复位过程）

（1）延时 15 ms。

（2）写指令 38H（不检测忙信号）。

（3）延时 5 ms。

（4）写指令 38H（不检测忙信号）。

（5）延时 5 ms。

（6）写指令 38H（不检测忙信号）。

（7）以后每次写指令、读/写数据操作之前均需检测忙信号。

（8）写指令 38H：显示模式设置。

（9）写指令 08H：显示关闭，不显示光标。

（10）写指令 01H：显示清屏。

（11）写指令 06H：显示光标移动设置，写一个字符后，N＝1，地址加 1，光标加 1，S＝0，整屏显示。

（12）写指令 0CH：显示开及光标设置，D＝1 开显示，C＝1 不显示光标，B＝0 光标不闪。

任务实施

运行 C 语言编辑软件，建立工程项目，在编辑区中输入上面的源程序，进行编译，得到目标代码。运行 Proteus，在编辑窗口中绘制如图 8-3 所示的电路图并存盘。然后选中单片机 AT89S51，加载编译得到的目标代码，点击模拟调试按钮的运行按钮“”，进入调试状态。此时可看到如图 7-7 所示的效果。连接实际的 LCM1602 液晶显示器，运行下载软件 ISP 下载程序到单片机中，可以看到液晶显示器显示如图 7-8 所示内容。

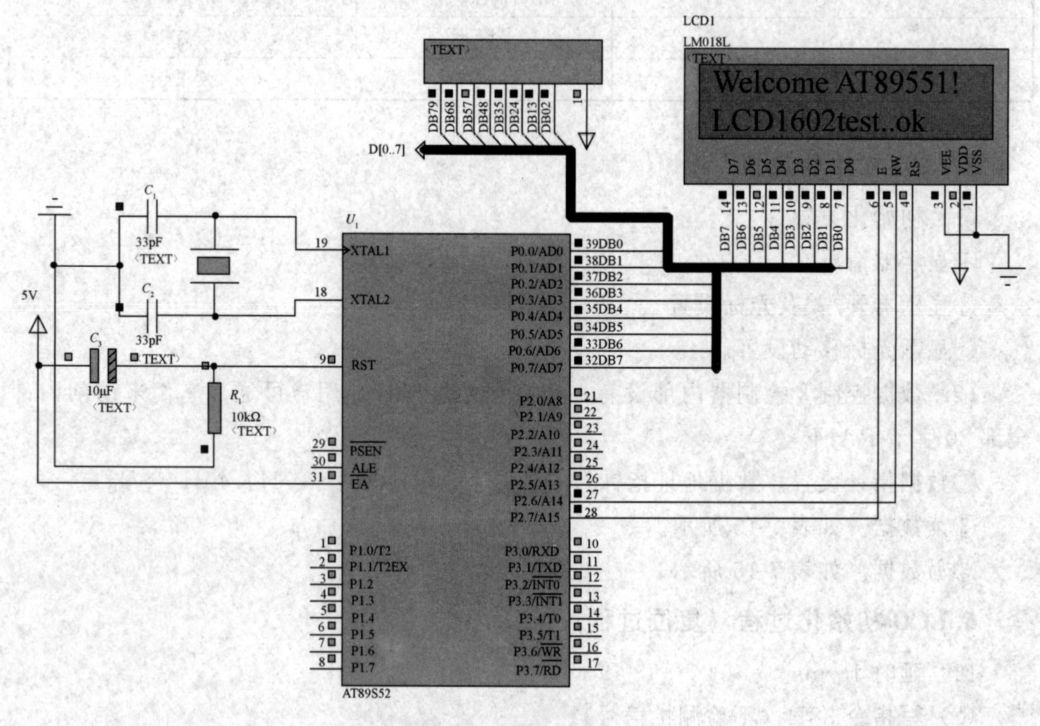

图 7-7 仿真效果图

图 7-8　液晶实物运行效果图

任务 2　LCM1602 液晶 4 位数据显示模式的设计

提出任务

用 AT89S51 驱动 LCM1602 液晶显示器，使液晶屏第一屏显示" Welcome!" " AT89S51!" 5 秒后第二屏显示" happy new year!" " 2009. 2 Test OK! "，5 秒后再显示第一屏的内容，如此循环。

任务分析

1. 硬件分析

用单片机的 P0. 4～P0. 7 接 LCM1602 液晶显示器数据线的 DB4～DB7，P0. 2 接 RS，P0. 3 接 E。电路原理图如图 7-9 所示。

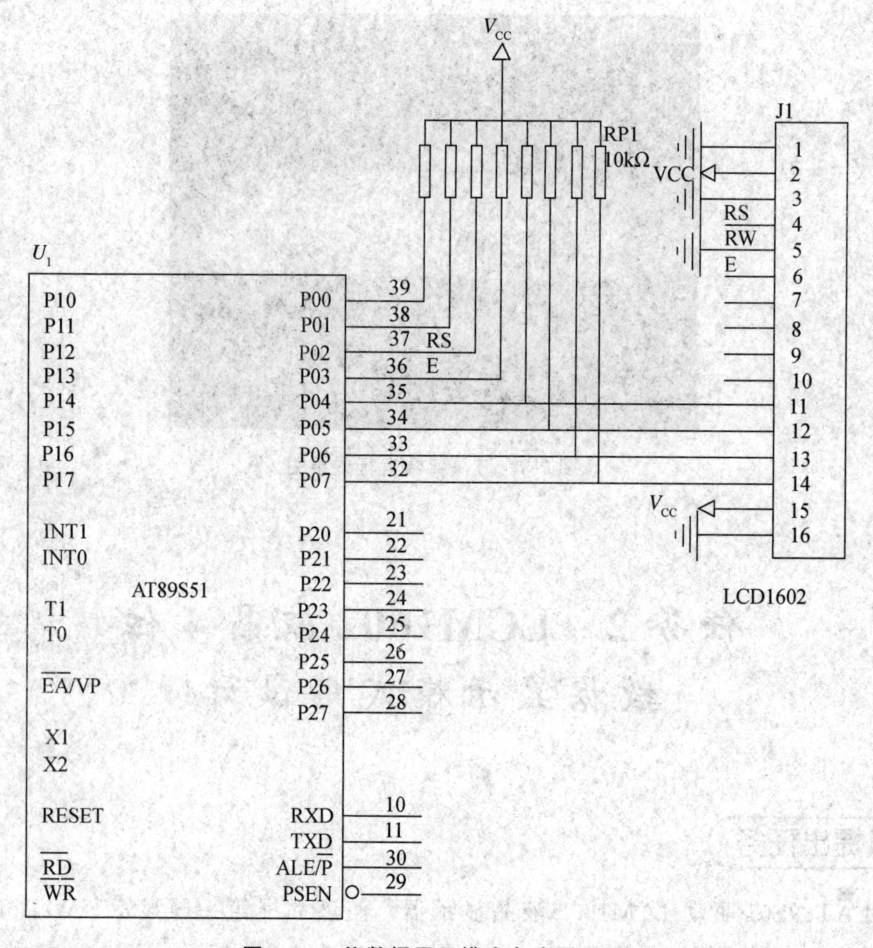

图 7-9　4 位数据显示模式电路原理图

2. 软件分析

液晶显示器接成 4 位数据显示模式，因此单片机在给 LCM1602 液晶发送命令数据或发送显示数据时，必须分两次完成，先发送数据的高四位，再发送数据的低四位。由于液晶的 RW 直接接地，因此单片机在发送命令或发送显示数据时不用检测忙碌标示，只要延时适当的时间即可。

3. 源程序的编写

源程序代码如下。

```
# include < reg51. H>
# include< INTRINS. H>
# define LCD_EN_PORT                    P0
# define LCD_RS_PORT                    P0
# define LCD_DATA_PORT                  P0
# define LCD_EN                         P0_3
```

```
# define LCD_RS                              P0_2
/********************** 函数声明*************************** /
void LCD_init       (void);                   //液晶初始化函数
void LCD_en_write       (void);               //液晶使能函数
void LCD_write_char       (unsigned char command,unsigned char Data);
                                              //写命令或写数据函数
void LCD_set_xy       (unsigned char x,unsigned char y);
                                              //设置显示位置函数
void LCD_write_string (unsigned char X,unsigned char Y,unsigned char * s);
                                              //写字符串函数
void delay_nus       (unsigned int n);        //延时函数
void delay_nms       (unsigned int n);        //延时函数
/******************** 液晶初始化函数*********************** /
void LCD_init(void)
{
delay_nms(15);
LCD_DATA_PORT= 0;
LCD_write_char(0x28,0);
delay_nms(5);
LCD_write_char(0x28,0);
delay_nms(5);
LCD_write_char(0x28,0);
delay_nms(5);
LCD_write_char(0x28,0);                       //4 位显示
delay_nms(5);
LCD_write_char(0x0c,0);                       //显示开
delay_nms(5);
LCD_write_char(0x01,0);                       //清屏
delay_nms(5);
}
/******************** 写字符串函数*********************** /
                                              //参数:X为显示在第几列,Y为显示在第几
                                                行,s为待显示字符串
void LCD_write_string(unsigned char X,unsigned char Y,unsigned char * s)
{
LCD_set_xy( X,Y );                            //写地址
while (* s)                                   //写显示字符
{
LCD_write_char( 0,* s );
```

```
s++;
}
}

/********************** 设置显示地址函数 ********************/
void LCD_set_xy( unsigned char x,unsigned char y )
{
unsigned char address;
if (y == 0) address = 0x80 + x;
else
address = 0xc0 + x;
LCD_write_char( address,0 );
}
/******************** 液晶使能函数 ************************/
void LCD_en_write(void)
{
LCD_EN= 1;
delay_nus(2);
LCD_EN= 0;
}

/********************* 写命令和写数据函数 *******************/
                                        //参数:command= 0,写数据,command! =
                                          0 写命令,
void LCD_write_char(unsigned char command,unsigned char Data)
{
unsigned char command_temp,data_temp;
command_temp= command;
data_temp= Data;
delay_nus(3);
if(command= = 0)
{
LCD_RS= 1;                              //RS= 1,选择数据寄存器
LCD_DATA_PORT&= 0X0f;
LCD_DATA_PORT|= data_temp&0xf0;         //写高四位
LCD_en_write();
data_temp= data_temp< < 4;
LCD_DATA_PORT&= 0X0f;
LCD_DATA_PORT|= data_temp&0xf0;         //写低四位
```

```
LCD_en_write();
}
else
{
LCD_RS= 0;                                    //RS= 0,选择指令寄存器
LCD_DATA_PORT&= 0X0f;
LCD_DATA_PORT|= command_temp&0xf0;            //写高四位
LCD_en_write();
command_temp= command_temp< < 4;
LCD_DATA_PORT&= 0x0f;
LCD_DATA_PORT|= command_temp&0xf0;            //写低四位
LCD_en_write();
}
}
/******************* 延时函数 ************************ /
                                              //系统时钟:12MHZ
void delay_nus(unsigned int n)                //N us 延时函数
{
unsigned int i= 0;
for (i= 0;i< n;i+ + )
_nop_();
}

void delay_nms(unsigned int n)                //N ms 延时函数
{
unsigned char i= 0;
while(n- - )
{
for (i= 0;i< 125;i+ + );
}
}
/******************* 主函数 ************************ /
void main(void)
{
LCD_RS= 1;
LCD_EN= 1;
LCD_init();
while(1)                                      //循环
{
```

```
LCD_write_char(0x01,0);
delay_nms(10);

LCD_write_string(0,0,"Welcome!");
LCD_write_string(0,1,"AT89S51!");
delay_nms(5000);
LCD_write_string(0,0,"happy new year!");
LCD_write_string(0,1,"2009.2 Test OK!");
delay_nms(5000);
}
}
```

任务实施

先按图 7-5 连接好硬件电路。运行 C 语言编辑软件，建立工程项目，在编辑区中输入上面的源程序，进行编译，得到目标代码。用 ISP 下载软件把目标代码下载到单片机中。由于单片机的运行速度比液晶的快，所以程序下载后可能会出现液晶没有显示或显示乱码的现象，只要按一下单片机的复位键便可稳定的显示。稳定显示后的效果如图 7-10 所示。

(a)

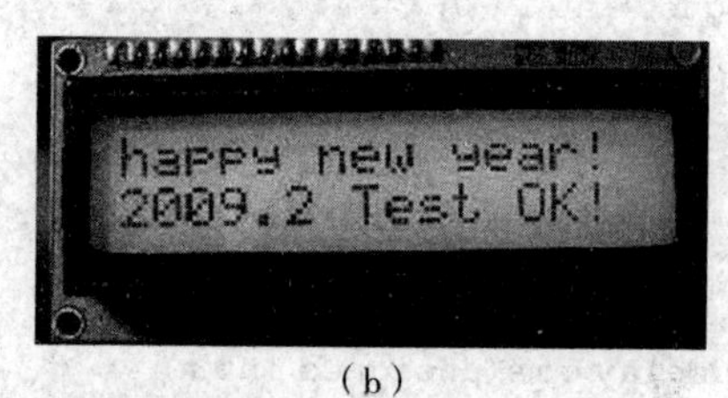

(b)

图 7-10　液晶稳定显示后的效果图

(a) 第一屏显示内容；(b) 第二屏显示内容

任务 3　LCM1602 液晶显示数字的设计

提出任务

用 AT89S51 单片机设计一个 24 小时时钟，用 LCM1602 液晶显示器显示计时时间。

1. 硬件分析

硬件电路采用图 7-9 所示的电路。

2. 软件分析

要使 LCM1602 液晶显示器显示出数字，必须把数字 0～9 变换成 ASCII 码。方法是用一个函数将数字转换成 ASCII 码，存放在字符型数组中，然后把字符型数组的 ASCII 码显示出来。从 ASCII 码表中可以看出，要把数字 0～9 转换成 ASCII 码，只要把数字 0～9 分别加上十六进制数 0x30 就行了。参考源程序中的 BCDtostring (unsigned char i，unsigned char j，unsigned char k，unsigned char * p)，就是用来将数字 0～9 转换成相应的 ASCII 码的函数，在主程序中调用它就可以了。在参考源程序中用定时器 T0 来计时，定时器 0 工作在方式 2，定时器溢出中断周期为 250 μs，中断累计 4 000 次（即 1 s）对秒计数值进行加 1 操作，满 60 s 时对分进行加 1 操作，满 60 分时对时进行加 1 操作，满 24 小时时钟清 0，从新开始新的循环。

3. 源程序编写

源程序代码如下。

```
# include < reg51. h>
# include< INTRINS. H>
# define LCD_EN_PORT                        P0
# define LCD_RS_PORT                        P0
# define LCD_DATA_PORT                      P0
# define LCD_EN                             P0_3
# define LCD_RS                             P0_2
unsigned char Data1[]= {0,0,0,0,0,0,0,0,0,0};
unsigned char hour= 12,min= 10,sec= 59;     //设置时间计时初始值
/********************** 函数声明 ************************** /
void LCD_init     (void);                   //液晶初始化函数
void LCD_en_write     (void);               //液晶使能函数
void LCD_write_char     (unsigned char command,unsigned char Data);
                                            //写命令或写数据函数
void LCD_set_xy     (unsigned char x,unsigned char y);
                                            //设置显示位置函数
void LCD_write_string     (unsigned char X,unsigned char Y,unsigned char * s);
                                            //写字符串函数
void delay_nus     (unsigned int n);        //延时函数
void delay_nms     (unsigned int n);        //延时函数
```

```
/******************** 液晶初始化函数 ************************ /
void LCD_init(void)
{
  delay_nms(15);
  LCD_DATA_PORT= 0;
  LCD_write_char(0x28,0);
  delay_nms(5);
  LCD_write_char(0x28,0);
  delay_nms(5);
  LCD_write_char(0x28,0);
  delay_nms(5);
  LCD_write_char(0x28,0);                      //4 位显示
  delay_nms(5);
  LCD_write_char(0x0c,0);                      //显示开
  delay_nms(5);
  LCD_write_char(0x01,0);                      //清屏
  delay_nms(5);
}
/********************* 写字符串函数 ************************ /
                                               //参数:X 为显示在第几列,Y 为显示在第几
                                                 行,s 为待显示字符串
void LCD_write_string(unsigned char X,unsigned char Y,unsigned char * s)
  {
    LCD_set_xy( X,Y );                         //写地址
    while (* s)                                //写显示字符
      {
        LCD_write_char( 0,* s );
        s + + ;
      }
  }
/********************** 设置显示地址函数 ******************** /
  void LCD_set_xy( unsigned char x,unsigned char y )
  {
    unsigned char address;
    if (y = =  0) address =  0x80 +  x;
    else
        address =  0xc0 +  x;
    LCD_write_char( address,0 );
  }
```

```
/******************** 液晶使能函数 *********************** /
void LCD_en_write(void)
{
  LCD_EN= 1;
  delay_nus(2);
  LCD_EN= 0;
}
/******************** 写命令和写数据函数 ****************** /
                                          //参数:command= 0,写数据,command! =
                                            0 写命令,
void LCD_write_char(unsigned char command,unsigned char Data)

{
  unsigned char command_temp,data_temp;
  command_temp= command;
  data_temp= Data;
  delay_nus(3);
  if(command= = 0)
  {
    LCD_RS= 1;                            //RS= 1,选择数据寄存器
    LCD_DATA_PORT&= 0X0f;
    LCD_DATA_PORT|= data_temp&0xf0;       //写高四位
    LCD_en_write();
    data_temp= data_temp< < 4;
    LCD_DATA_PORT&= 0X0f;
    LCD_DATA_PORT|= data_temp&0xf0;       //写低四位
    LCD_en_write();
  }
  else
  {
    LCD_RS= 0;                            //RS= 0,选择指令寄存器
    LCD_DATA_PORT&= 0X0f;
    LCD_DATA_PORT|= command_temp&0xf0;    //写高四位
    LCD_en_write();
    command_temp= command_temp< < 4;
    LCD_DATA_PORT&= 0x0f;
    LCD_DATA_PORT|= command_temp&0xf0;    //写低四位
    LCD_en_write();
  }
```

```
}
/******************* 延时函数 ************************ /
                                              //系统时钟:12MHZ
void delay_nus(unsigned int n)                //N us 延时函数
  {
    unsigned int i= 0;
    for (i= 0;i< n;i+ + )
  _nop_();
  }

v oid delay_nms(unsigned int n)               //N ms 延时函数
  {
    unsigned char i= 0;
    while(n- - )
    {
    for (i= 0;i< 125;i+ + );
    }
  }
/************ 将十进数转换为 ASCII 表中对应的值*********** /
void BCDtostring(unsigned char i,unsigned char j,unsigned char k,unsigned char
* p)
{p[0]= i/10+ 0x30;
  p[1]= i% 10+ 0x30;
  p[2]= ':';
  p[3]= j/10+ 0x30;
  p[4]= j% 10+ 0x30;
  p[5]= ':';
  p[6]= k/10+ 0x30;
  p[7]= k% 10+ 0x30;
}
/****************** 定时器 0 初始化函数********************* /
void TIMER0_init()
{TMOD= 0x02;
TH0= 0x06;
TL0= 0x06;
IE= 0x82;
TR0= 1;
}
/******************* 定时器 0 中断函数*********************** /
```

```
void TIMER0_OVER(void) interrupt 1
{  unsigned int count;                          //中断次数计数值
    count+ + ;
    if(count= = 4000)
        {count= 0;
            sec+ + ;                            //秒加 1
        if(sec= = 60)
            {sec= 0;
             min+ + ;                           //分加 1
               if(min= = 60)
               {min= 0;
                 hour+ + ;                      //时加 1
                   if(hour= = 24)
                       {hour= 0;}               //时清 0
               }

            }
        }
}
/********************** 主函数 ****************************** /
void main(void)
{  TIMER0_init();
    LCD_RS= 1;
    LCD_EN= 1;
    LCD_init();
    while(1)                                    //循环
        {
        LCD_write_char(0x01,0);                 //清除液晶屏
        delay_nms(10);
        BCDtostring(hour,min,sec,Data1);        //将时、分、秒转换为 ASCII 码
        LCD_write_string(0,0,Data1);            //显示时、分、秒
        delay_nms(500);
        }
}
```

任务实施

先按图 7-9 连接好硬件电路。运行 C 语言编辑软件，建立工程项目，在编辑区中输入上面的源程序，进行编译，得到目标代码。用 ISP 下载软件把目标代码下载到单片机中。由于单片机的运行速度比液晶的快，所以程序下载后可能会出现液晶没有显

示或显示乱码的现象，只要按一下单片机的复位键便可稳定的显示出时间。液晶稳定显示后的效果如图 7-11 所示。

图 7-11　实物运行效果图

项目习题

在任务 3 的基础上修改程序，使液晶在第 0 行第 0 列开始显示“Time:”，第 1 行第 0 列开始显示出当前时间。在任务 3 的基础上添加按键，用于调整时钟的时间和设置闹钟的时间。

项目 8　简易数字温度计与 DS1302 数字时钟的设计

知识目标

- 掌握独立式键盘的编程方法；
- 掌握单片机定时器的编程方法；
- 熟练运用 C 语言程序中的数组、指针、字符串等知识；
- 掌握 DS1302 时钟芯片引脚图及功能表；
- 了解 DS1302 时钟芯片工作原理；
- 掌握 DS1302 时钟芯片控制命令字与寄存器。

能力目标

- 培养学生系统的熟悉单片机 C 语言体系内容，熟悉程序设计方法和开发流程；
- 培养学生具有综合运用所学的理论知识去解决实际问题的能力；
- 培养学生具有综合运用所学的理论知识去解决实际问题的能力；
- 能使用 DS1302 时钟芯片进行硬件电路搭建；
- 能使用 DS1302 时钟芯片进行对应程序编写；
- 能对 DS1302 数字时钟项目系统调试。

任务 1　简易数字温度计的设计

提出任务

随着现代信息技术的飞速发展和传统工业改造的逐步实现，能够独立工作的温度检测和显示系统应用于诸多领域。传统的温度检测以热敏电阻为温度敏感元件。热敏电阻的成本低，但需后续信号处理电路，而且可靠性相对较差，测温准确度低，检测系统也有一定的误差。为此，我们设计一个具有读数方便，测温范围广，测温精确，数字显示，适用范围宽等的数字温度计。

要求：

（1）测量并显示温度值，温度测量误差≤±1℃。

（2）测量范围：0～100℃。

（3）交替显示当前测量时间、温度。

（4）可调整显示时间。

（5）测量温度超过设定的温度上、下限，启动蜂鸣器和指示灯报警。

（6）连接多个温度传感器，微控制器能够识别不同的传感器，显示相应的温度值，用于监测多个区域的环境温度

1. 硬件分析

根据任务要求，设计电路原理图，根据电路原理图制作出电路板图。在电路原理图中微控制器采用AT89S51单片机，温度传感器采用DS18B20，用LCM1602液晶显示器显示当前时间和温度，用独立式按键来调整时间、设置最高报警温度和最低报警温度，当前温度超出预设的温度范围时用蜂鸣器和发光二极管来作为声光报警提示。数字温度计电路连接图如图8-1所示。

2. 软件分析

（1）主程序。主程序主要是对系统进行初始化，包括设置定时器、液晶显示初始化、调用时间显示子程序，根据按键K1还是K2按下来选择是显示1号温度传感器的温度还是2号温度传感器的温度。

（2）读取温度子程序。读出温度子程序的主要功能是读出RAM中的9个字节，在读出时需进行CRC校验，校验有错时不进行温度数据的改写。

（3）时间调整子函数。调整时间时，先按下K3进入时间调整状态，此时按下K1则时间的分加一，K2按下则分减一，K4按下则时加一，K5按下则时减一，K6按下则确认退出。

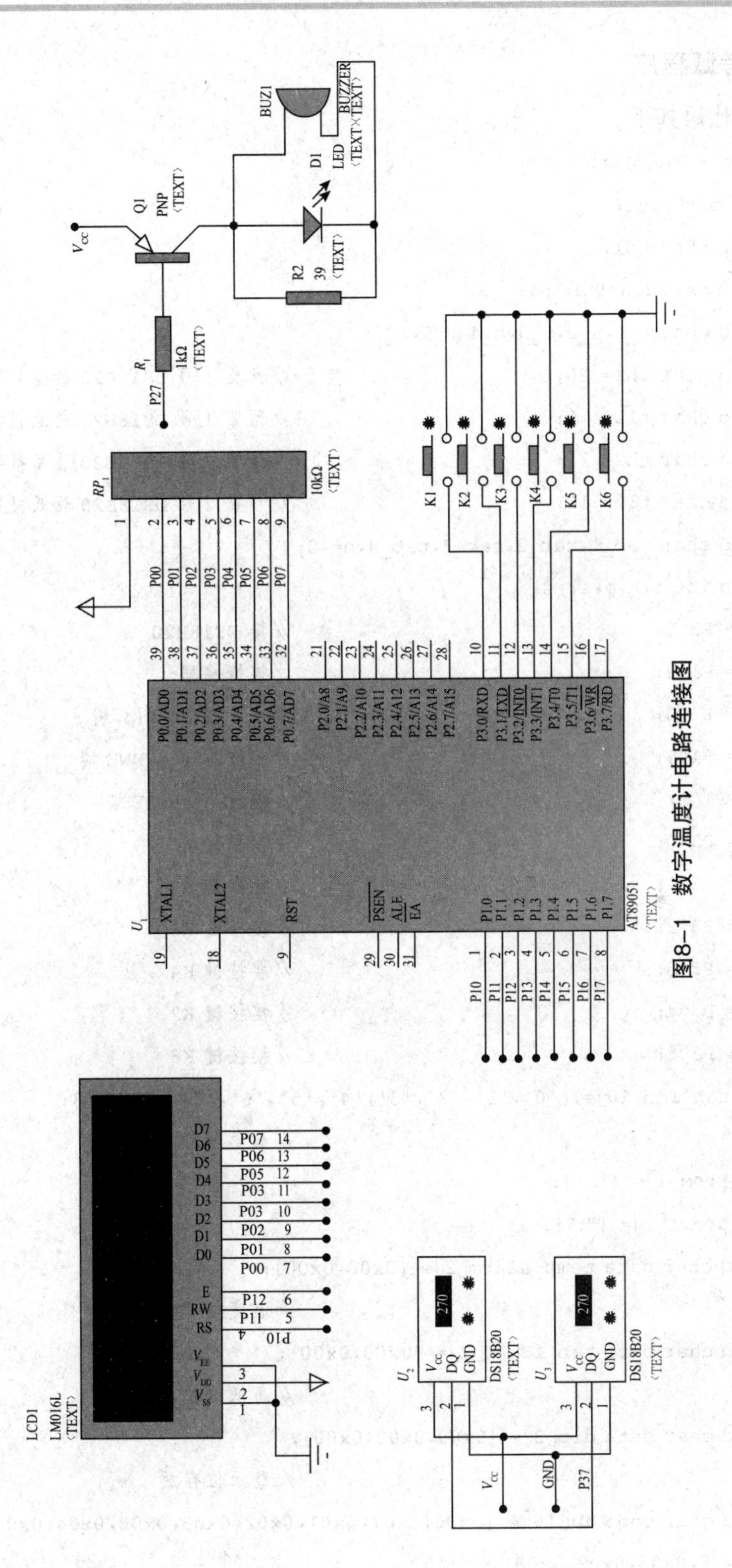

图8-1　数字温度计电路连接图

3. 参考源程序

源程序代码如下。

```
# include< reg52.h>
typedef bit bool;
unsigned char bol;
typedef unsigned char bl;
unsigned char t_1,t_2,t_3,t_4,t_5,t_6;
unsigned char th1= 20;                    //预置 1 号 DS18B20 最高报警温度 20℃
unsigned char tl1= 10;                    //预置 1 号 DS18B20 最低报警温度 10℃
unsigned char th2= 21;                    //预置 2 号 DS18B20 最高报警温度 21℃
unsigned char tl2= 11;                    //预置 2 号 DS18B20 最低报警温度 11℃
unsigned char tab_1,tab_2,tab_3,tab_4,n= 0;
unsigned int t,h,m,s;
sbit DQ= P3^7;                            //接 DS18B20
sbit fm= P1^3;                            //接蜂鸣器
sbit RS= P1^0;                            //接液晶 1602RS 端
sbit RW= P1^1;                            //接液晶 1602RWW 端
sbit E= P1^2;                             //接液晶 1602E 端
sbit k1= P3^0;                            //接按键 K1
sbit k2= P3^1;                            //接按键 K2
sbit k3= P3^2;                            //接按键 K3
sbit k4= P3^3;                            //接按键 K4
sbit k5= P3^4;                            //接按键 K2
sbit k6= P3^5;                            //接按键 K6
bl code tab_lcd[10]= {'0','1','2','3','4','5','6','7','8','9'};
                                          //显示字符
bl code from[1]= {'.'};
bl code from1[1]= {" "};
unsigned char data temp_alarm[2]= {0x00,0x00};
                                          //温度报警值存放处
unsigned char data tab_18b20[2]= {0x00,0x00};
                                          //高低 8 位温度存放
unsigned char data dip[3]= {0x00,0x00,0x00};
                                          //显示位存放
unsigned char code db[16]= {0x00,0x01,0x01,0x02,0x03,0x03,0x04,0x04,0x05,0x06,
0x06,0x07,0x08,0x08,0x09,0x09};
                                          //小数转表格
```

```
unsigned char code Romcode[2][8] = {{0x28,0x66,0x92,0x8c,0x01,0x00,0x00,0x3b},
                                            //18B20 的 64 位 ROM(1 号传感器 ROM)
{0x28,0x5c,0xd2,0xb7,0x01,0x00,0x00,0x2c}};
                                            //2 号传感器 ROM

/******************* 延时程序***************************** /
void delay_us(unsigned int num)
{
  while( - - num );
}
/****************** MS 级延时子程序************************** /
void delay_ms(int ms)
{
  int i;
  while(ms- - )
  {
    for(i= 0;i< 125;i+ + )
    {
    ;
    }
  }
}/********************** 蜂鸣器响函数************************** /
                                            //用于键盘操作的按键声
  void feng ()
{
  fm= 0;                                    //启动蜂鸣器
  delay_ms(20);
  fm= 1;                                    //关闭蜂鸣器
}
/********************* 液晶忙碌检测函数************************** /
bool manglu ()                              //LCD 忙碌检测
{
  bool fanhui;
  RS= 0;
  RW= 1;
  E= 1;
  fanhui= (bool)(P0&0x80);                  //提取忙碌标志位 D7
  E= 0;
```

```
  return fanhui;                              //返回给 fanhiu 变量
}
/****************** 液晶写命令函数 ********************************** /
write (bl wrin)                               //写入指令
{
  while(manglu ());                           //忙碌检测
  RS= 0;
  RW= 0;
  E= 0;
  P0= wrin;                                   //写入指令数据
  E= 1;
  E= 0;
}
/********************* 液晶写字符函数 ********************************* /
date (int dat)                                //写入字符
{
  while(manglu ());                           //忙碌检测
  RS= 1;
  RW= 0;
  E= 0;
  P0= dat;                                    //写入字符
  E= 1;
  E= 0;
}
/********************** 液晶初始化函数 ********************************* /
init_1602()                                   //初始化 1602
{
  write(0x38);                                //显示设定(设置成 8 位数据接口,双行,5*
                                                7 点阵字符显示)
  delay_ms(1);
  write(0x0c);                                //显示屏设定(设置成开显示,关光标)
  delay_ms(1);
  write(0x01);                                //清屏
  delay_ms(1);
}
/******************** 初始化 DS18B20 函数 ******************************** /
bit init_18B20 (void)
{
```

```
  DQ= 1;
  delay_us(8);
  DQ= 0;
  delay_us(90);
  DQ= 1;
  delay_us(8);
  bol= DQ;                                  //等待应答
  delay_us(100);
  return(bol);                              //返回给 bol
}
/************** 向 DS18B20 读字节函数 *********************************** /
  readchar (void)
  {
  unsigned char i= 0;
  unsigned char adat= 0;
  for(i= 8;i> 0;i- - )
    {
    DQ= 0;
    adat> > = 1;                            //将数据从 18B20 移出
    DQ= 1;
    if(DQ= = 1)
        adat|= 0x80;                        //提取移出的数据
    delay_us(4);
    }
  return adat;                              //将提取数值返回给 adat 变量吸收
/***************** 向 DS18B20 写字节函数 ******************************** /
winchar(unsigned char bdat)                 //定义写入变量为 bdat
{
  unsigned char x= 0;
  for(x= 8;x> 0;x- - )
    {
    DQ= 0;
    DQ= bdat&0x01;                          //取出数据低位
    delay_us(5);
    DQ= 1;
    bdat> > = 1;                            //将数据按位移入 18B20
    }
}
```

```
/****************** 从 DS18B20 读取温度函数 ************************** /
read_18b20 (unsigned char x)
{
  unsigned char i;
  init_18B20();                                  //初始化 18B20
  winchar(0xcc);
  winchar(0x44);                                 //启动温度转换
  init_18B20();                                  //初始化 18B20
  winchar(0x55);
    for(i= 0;i< 8;i+ + )
      {
      winchar(Romcode[x][i]);
      }
    winchar(0xbe);                               //读取温度寄存器
    tab_18b20[0]= readchar();                    //低 8 位温度数据存放区
    tab_18b20[1]= readchar();                    //高 8 位温度数据存放区
}
/********************** 温度显示函数 ********************************** /
void lcd(unsigned char y)
{
  dip[2]= tab_18b20[0]&0x0f;                     //提取小数部分
  dip[0]= db[dip[2]];                            //查表得小数位的值
  dip[1]= ((tab_18b20[0]&0xf0)> > 4)|((tab_18b20[1]&0x0f)< < 4);
                                                 //提取整数部分
  tab_1= dip[0];                                 //小数位
  tab_2= dip[1]% 10;                             //个位
  tab_3= dip[1]% 100/10;                         //十位
  tab_4= dip[1]/100;                             //百位
  if(y= = 1)                                     //1 号传感器温度显示
    {
      write(0x8b);                               //液晶显示地址
      date('T');
      delay_ms(1);
      write(0x8c);
      date('H');
      delay_ms(1);
      write(0x8d);
      date(tab_lcd[(th2/100)]);                  //百位
```

```
      delay_ms(1);
      write(0x8e);
      date(tab_lcd[(th2% 100/10)]);          //十位
      delay_ms(1);
      write(0x8f);
  date(tab_lcd[(th2% 10)]);                  //个位
      delay_ms(1);
      write(0xc0);
      date('t');
      write(0xc1);
    date('1');
        if(dip[1]/100= = 0)                  //百位为 0 不显示
          {
              write(0xc2);
              date(from1[0]);                //百位
    }
        else
          {
              write(0xc2);

          date(tab_lcd[tab_4]);              //百位
          }

        if(dip[1]/100< 0)
          {
          if(dip[1]/100< 0)                  //百位,十位都为 0;则百位,十位都不显示
              {
              write(0xc3);
              date(from1[0]);
              delay_ms(1);
              }
          }
    else
          {
          write(0xc3);
          date(tab_lcd[tab_3]);              //十位
          delay_ms(1);
          }
```

```
    write(0xc4);
    date(tab_lcd[tab_2]);                          //个位
    delay_ms(1);
      write(0xc5);
    date(from[0]);                                 //小数点位
    write(0xc6);
    date(tab_lcd[tab_1]);                          //小数位
  delay_ms(1);
    write(0xc7);
    date(0xdf);                                    //显示°
    delay_ms(1);
    write(0xc8);
    date('C');                                     //显示C
    delay_ms(1);
    write(0xcb);
    date('T');
    delay_ms(1);
    write(0xcc);
    date('L');
  delay_ms(1);
    write(0xcd);
    date(tab_lcd[(tl2/100)]);                      //百位
    delay_ms(1);
    write(0xce);
    date(tab_lcd[(tl2% 100/10)]);                  //十位
    delay_ms(1);
    write(0xcf);
    date(tab_lcd[(tl2% 10)]);                      //个位
    delay_ms(1);
  }
else                                               //2号传感器温度显示
  {
     write(0x8b);
     date('T');
     delay_ms(1);
     write(0x8c);
     date('H');
     delay_ms(1);
```

```
        write(0x8d);
        date(tab_lcd[(th1/100)]);              //百位
        delay_ms(1);
        write(0x8e);
        date(tab_lcd[(th1% 100/10)]);          //十位
    delay_ms(1);
        write(0x8f);
        date(tab_lcd[(th1% 10)]);              //个位
        delay_ms(1);
        write(0xc0);
        date('t');
        write(0xc1);
        date('2');
          if(dip[1]/100= = 0)                  //百位为 0 不显示
            {
            write(0xc2);
            date(from1[0]);                    //百位
            }
          else
            {
        write(0xc2);
            date(tab_lcd[tab_4]);              //百位
            }

          if(dip[1]/100< 0)

            {
            if(dip[1]/100< 0)                  //百位,十位都为 0;则百位,十位都不显示
              {
                  write(0xc3);
                  date(from1[0]);
                  delay_ms(1);
              }
            }
          else
            {
            write(0xc3);
            date(tab_lcd[tab_3]);              //十位
```

```
            delay_ms(1);
            }
    write(0xc4);
        date(tab_lcd[tab_2]);                        //个位
        delay_ms(1);
        write(0xc5);
        date(from[0]);                               //小数点位
        write(0xc6);
        date(tab_lcd[tab_1]);                        //小数位
        delay_ms(1);
        write(0xc7);
      date(0xdf);                                    //显示°
        delay_ms(1);
        write(0xc8);
        date('C');                                   //显示 C
        delay_ms(1);
        write(0xcb);
        date('T');
        delay_ms(1);
        write(0xcc);
        date('L');
        delay_ms(1);
    write(0xcd);
        date(tab_lcd[(tl1/100)]);                    //百位
        delay_ms(1);
        write(0xce);
        date(tab_lcd[(tl1% 100/10)]);                //十位
        delay_ms(1);
        write(0xcf);
        date(tab_lcd[(tl1% 10)]);                    //个位
        delay_ms(1);
      }
    }
    /****************** 报警温度显示函数 ******************************** /
      lcd_alarm()
      {
                                                     //--T1 高温报警显示
        write(0x80);                                 //显示地址
```

```
    date('T');                                   //显示字符
    delay_ms(1);                                 //延时抗干扰
    write(0x81);
    date('H');
    delay_ms(1);
    write(0x82);
    date('1');
    delay_ms(1);
    write(0x83);
    date(':');
    delay_ms(1);
    write(0x84);
    date(tab_lcd[(th2/100)]);                    //报警值百位显示
    delay_ms(1);
    write(0x85);
    date(tab_lcd[th2% 100/10]);                  //报警值十位显示
    delay_ms(1);
    write(0x86);
    date(tab_lcd[th2% 10]);                      //报警值个位显示
    delay_ms(1);
                                                 //--T1低温报警显示
    write(0x89);                                 //显示地址
    date('T');                                   //显示字符
    delay_ms(1);                                 //延时抗干扰
    write(0x8a);
    date('L');
    delay_ms(1);
    write(0x8b);
    date('1');
    delay_ms(1);
    write(0x8c);
    date(':');
delay_ms(1);
    write(0x8d);
    date(tab_lcd[(tl2/100)]);                    //报警值百位显示
    delay_ms(1);
    write(0x8e);
    date(tab_lcd[tl2% 100/10]);                  //报警值十位显示
```

```
    delay_ms(1);
    write(0x8f);
    date(tab_lcd[tl2% 10]);                       //报警值个位显示
    delay_ms(1);
                                                  //--T2高温报警显示
    write(0xc0);                                  //显示地址
    date('T');                                    //显示字符
    delay_ms(1);                                  //延时抗干扰
    write(0xc1);
    date('H');
    delay_ms(1);
    write(0xc2);
    date('2');
    delay_ms(1);
    write(0xc3);
    date(':');
    delay_ms(1);
    write(0xc4);
    date(tab_lcd[(th1/100)]);                     //报警值百位显示
    delay_ms(1);
    write(0xc5);
    date(tab_lcd[th1% 100/10]);                   //报警值十位显示
    delay_ms(1);
    write(0xc6);
    date(tab_lcd[th1% 10]);                       //报警值个位显示
    delay_ms(1);
                                                  //--T2低温报警显示
    write(0xc9);                                  //显示地址
    date('T');                                    //显示字符
    delay_ms(1);                                  //延时抗干扰
    write(0xca);
    date('L');
    delay_ms(1);
    write(0xcb);
    date('2');
    delay_ms(1);
    write(0xcc);
  date(':');
```

```
    delay_ms(1);
    write(0xcd);
    date(tab_lcd[(tl1/100)]);                  //报警值百位显示
    delay_ms(1);
    write(0xce);
    date(tab_lcd[tl1% 100/10]);                //报警值十位显示
    delay_ms(1);
    write(0xcf);
    date(tab_lcd[tl1% 10]);                    //报警值个位显示
    delay_ms(1);
  }
/***************** 设置报警温度函数 ************************************ /
void larm()
{
  if(k1= = 0)
  {
    feng();                                    //按键声
      while(1)
      {
        if(k5= = 0)
      {
          th1+ + ;
          feng();
          }
        else if(k6= = 0)
          {
          th1- - ;
          feng();
          }
        lcd_alarm();
        delay_ms(20);
        if (k1= = 0)
    {
          feng();
          delay_ms(20);
          feng();
          break;
          }
```

```
        }
      }
    else if(k2= = 0)
      {
        feng();
          while(1)
          {
    if(k5= = 0)
              {
              tl1+ + ;
              feng();
              }
          else if(k6= = 0)
              {
              tl1- - ;
              feng();
              }
          lcd_alarm();
          delay_ms(20);
    if(k2= = 0)
    {
              feng();
              delay_ms(20);
              feng();
              break;
              }
    }
  }
else if(k5= = 0)
  {
    feng();
    while(1)
    {
        if(k1= = 0)
              {
              th2+ + ;
          feng();
              }
```

```
          else if(k2= = 0)
            {
            th2- - ;
            feng();
            }
        lcd_alarm();
        delay_ms(20);
        if(k5= = 0)
            {
            feng();
            delay_ms(20);
            feng();
            break;
            }
}
    }
else if(k6= = 0)
  {
    feng();
    while(1)
    {
        if(k1= = 0)
            {
            tl2+ + ;
            feng();
            }
        else if(k2= = 0)
            {
        tl2- - ;
            feng();
            }
        lcd_alarm();
        delay_ms(20);
        if(k6= = 0)
            {
            feng();
            delay_ms(20);
            feng();
```

```
            break;
            }
        }
    }
}
/******************* 温度报警函数 ******************************* /
write_tempere_alarm()
{
  if(k4= = 0)
  {
    feng();
    delay_ms(20);
    feng();
    write(0x01);                              //清屏
    while(1)
        {
        larm();                               //报警温度值写入
        lcd_alarm();                          //报警显示子函数
        if(k4= = 0)
        {
            feng();
            delay_ms(20);
            feng();
            write(0x01);
            break;
            }
        }
    }
}
/******************* 时间显示函数 ********************************* /

void time_display()
{
  write(0x80);
  date('T');
  delay_ms(1);
  write(0x81);
  delay_ms(1);
  date(0x7e);
```

```
  t_1= s% 10;                                   //秒个位
  t_2= s/10;                                    //秒十位
  t_3= m% 10;                                   //分个位
  t_4= m/10;                                    //分十位
  t_5= h% 10;                                   //时个位
  t_6= h/10;                                    //时十位
  write(0x82);                                  //时十位显示地址
 date(tab_lcd[t_6]);                            //十位
  delay_ms(1);
  write(0x83);                                  //时个位显示地址
  date(tab_lcd[t_5]);                           //个位
  delay_ms(1);
  write(0x84);
  date(':');
  delay_ms(1);

  write(0x85);                                  //分十位显示地址
  date(tab_lcd[t_4]);                           //十位
  delay_ms(1);
  write(0x86);                                  //
  date(tab_lcd[t_3]);                           //个位
  delay_ms(1);
  write(0x87);
  date(':');
  delay_ms(1);
  write(0x88);                                  //
  date(tab_lcd[t_2]);                           //十位
  delay_ms(1);
  write(0x89);
 date(tab_lcd[t_1]);                            //个位
  delay_ms(1);
 }
/************************* 时间调整函数 ************************ /
void shijian_taozheng()
{
if(k3= = 0)
  {
    write(0x01);                                //清屏
    feng();
```

```
    delay_ms(20);
    feng();
      while(1)
      {
        time_display();
            if(k1= = 0)
                {
                feng();
                delay_ms(15);
                m+ + ;
                    if(m= = 60)
                        m= 0;
                }
else if(k2= = 0)
                {
                feng();
                delay_ms(15);
                m- - ;
                    if(m= = - 1)
                            m= 59;
                }
            else if(k4= = 0)
                {
                feng();
                delay_ms(15);
                h+ + ;
    if(h= = 24)
                        h= 0;
                }
            else if(k5= = 0)
                {
                feng();
                delay_ms(15);
                h- - ;
                    if(h= = - 1)
                        h= 23;
                }
            else if(k6= = 0)
                {
```

```
        feng();
                delay_ms(20);
                feng();
                break;
                }
        }
        }
}
/******************** 报警时间显示*************************** /
time_alarm_show()
{
  t_1= s% 10;                                      //秒个位
  t_2= s/10;                                       //秒十位
  t_3= m% 10;                                      //分个位
  t_4= m/10;                                       //分十位
  t_5= h% 10;                                      //时个位
  t_6= h/10;                                       //时十位
    write(0x01);                                   //清屏
delay_ms(1);
    write(0x81);
    date('t');
    delay_ms(1);
    write(0x82);
    date('i');
    delay_ms(1);
    write(0x83);
    date('m');
    delay_ms(1);
    write(0x84);
  date('e');
    delay_ms(1);
    write(0x85);
    date(':');
    delay_ms(1);
    write(0x86);
    date(tab_lcd[t_6]);                            //十位
    delay_ms(1);
    write(0x87);
    date(tab_lcd[t_5]);                            //个位
```

```
    delay_ms(1);
     write(0x88);
     date(':');
     delay_ms(1);
     write(0x89);
     date(tab_lcd[t_4]);                          //十位
     delay_ms(1);
     write(0x8a);
     date(tab_lcd[t_3]);                          //个位
     delay_ms(1);
     write(0x8b);
     date(':');
     delay_ms(1);
     write(0x8c);
     date(tab_lcd[t_2]);                          //十位
     delay_ms(1);
     write(0x8d);
     date(tab_lcd[t_1]);                          //个位
     delay_ms(1);
  }
  /****************** TH1 温度报警显示 ****************************** /
  TH1_temp()
  {
     read_18b20(1);
     dip[2]= tab_18b20[0]&0x0f;                    //提取小数部分
     dip[0]= db[dip[2]];                           //查表得小数位的值
     dip[1]= ((tab_18b20[0]&0xf0)> > 4)|((tab_18b20[1]&0x0f)< < 4);
                                                   //提取整数部分
     tab_1= dip[0];                                //小数位
   tab_2= dip[1]% 10;                              //个位
     tab_3= dip[1]% 100/10;                        //十位
     tab_4= dip[1]/100;                            //百位
   write(0xc0);
   date('T');
   delay_ms(1);
   write(0xc1);
   date('1');
   delay_ms(1);
   write(0xc2);
```

```
  date(':');
  delay_ms(1);
    if(dip[1]/100= = 0)                        //百位为0不显示
      {
write(0xc3);
      date(from1[0]);                          //百位
      }
      else
      {
        write(0xc3);
        date(tab_lcd[tab_4]);                  //百位
      }

   if(dip[1]/100< 0)
     {
      if(dip[1]/100< 0)                        //百位,十位都为0;则百位,十位都不显示
   {
        write(0xc4);
        date(from1[0]);
        delay_ms(1);
     }
   }
   else
   {
        write(0xc4);
        date(tab_lcd[tab_3]);                  //十位
        delay_ms(1);
   }
 write(0xc5);
    date(tab_lcd[tab_2]);                      //个位
    delay_ms(1);
    write(0xc6);
    date(from[0]);                             //小数点位
    write(0xc7);
    date(tab_lcd[tab_1]);                      //小数位
    delay_ms(1);
    write(0xc8);
  date(0xdf);                                  //显示°
    delay_ms(1);
```

```
    write(0xc9);
    date('C');                                         //显示 C
    delay_ms(1);
    write(0xca);
    date('T');
    delay_ms(1);
    write(0xcb);
    date('H');
    delay_ms(1);
    write(0xcc);
 date(':');
    delay_ms(1);
    write(0xcd);
    date(tab_lcd[(th2/100)]);                          //百位
    delay_ms(1);
    write(0xce);
    date(tab_lcd[(th2% 100/10)]);                      //十位
    delay_ms(1);
    write(0xcf);
    date(tab_lcd[(th2% 10)]);                          //个位
    delay_ms(1);
 }
 /******************** TL1 温度报警显示 **************************** /
 TL1_temp()
 {
    read_18b20(1);
    dip[2]= tab_18b20[0]&0x0f;                         //提取小数部分
    dip[0]= db[dip[2]];                                //查表得小数位的值
    dip[1]= ((tab_18b20[0]&0xf0)> > 4)|((tab_18b20[1]&0x0f)< < 4);
                                                       //提取整数部分
    tab_1= dip[0];                                     //小数位
 tab_2= dip[1]% 10;                                    //个位
    tab_3= dip[1]% 100/10;                             //十位
    tab_4= dip[1]/100;                                 //百位
   write(0xc0);
   date('T');
   delay_ms(1);
   write(0xc1);
   date('1');
```

```
delay_ms(1);
write(0xc2);
date(':');
delay_ms(1);
if(dip[1]/100= = 0)                              //百位为 0 不显示
  {
  write(0xc3);
  date(from1[0]);                                //百位
  }
  else
  {
      write(0xc3);
      date(tab_lcd[tab_4]);                      //百位
  }
 if(dip[1]/100< 0)
  {
      if(dip[1]/100< 0)                          //百位,十位都为 0;则百位,十位都不显示
{
      write(0xc4);
      date(from1[0]);
      delay_ms(1);
  }
 }
 else
    {
      write(0xc4);
      date(tab_lcd[tab_3]);                      //十位
      delay_ms(1);
    }
 write(0xc5);
  date(tab_lcd[tab_2]);                          //个位
  delay_ms(1);
  write(0xc6);
  date(from[0]);                                 //小数点位
  write(0xc7);
  date(tab_lcd[tab_1]);                          //小数位
  delay_ms(1);
  write(0xc8);
  date(0xdf);                                    //显示°
```

```
delay_ms(1);
    write(0xc9);
    date('C');                                   //显示 C
    delay_ms(1);
      write(0xca);
    date('T');
    delay_ms(1);
    write(0xcb);
    date('L');
    delay_ms(1);
    write(0xcc);
  date(':');
    delay_ms(1);
    write(0xcd);
    date(tab_lcd[(tl2/100)]);                    //百位
    delay_ms(1);
    write(0xce);
    date(tab_lcd[(tl2% 100/10)]);                //十位
    delay_ms(1);
    write(0xcf);
    date(tab_lcd[(tl2% 10)]);                    //个位
    delay_ms(1);
}
/******************* TH2 温度报警显示****************************** /
TH2_temp()
{
    read_18b20(0);
    dip[2]= tab_18b20[0]&0x0f;                   //提取小数部分
    dip[0]= db[dip[2]];                          //查表得小数位的值
    dip[1]= ((tab_18b20[0]&0xf0)> > 4)|((tab_18b20[1]&0x0f)< < 4);
                                                 //提取整数部分
    tab_1= dip[0];                               //小数位
    tab_2= dip[1]% 10;                           //个位
    tab_3= dip[1]% 100/10;                       //十位
  tab_4= dip[1]/100;                             //百位
  write(0xc0);
  date('T');
  delay_ms(1);
  write(0xc1);
```

```
  date('2');
  delay_ms(1);
  write(0xc2);
  date(':');
  delay_ms(1);
    if(dip[1]/100= = 0)                          //百位为 0 不显示
{
    write(0xc3);
    date(from1[0]);                              //百位
  }
  else
  {
    write(0xc3);
    date(tab_lcd[tab_4]);                        //百位
  }
  if(dip[1]/100< 0)
    {
  if(dip[1]/100< 0)                              //百位,十位都为 0;则百位,十位都不显示
        {
            write(0xc4);
            date(from1[0]);
            delay_ms(1);
        }
  }
  else
      {
        write(0xc4);
        date(tab_lcd[tab_3]);                    //十位
        delay_ms(1);
}
    write(0xc5);
    date(tab_lcd[tab_2]);                        //个位
    delay_ms(1);
    write(0xc6);
    date(from[0]);                               //小数点位
    write(0xc7);
    date(tab_lcd[tab_1]);                        //小数位
    delay_ms(1);
    write(0xc8);
```

```
date(0xdf);                                     //显示°
    delay_ms(1);
    write(0xc9);
    date('C');                                  //显示 C
    delay_ms(1);
    write(0xca);
    date('T');
    delay_ms(1);
    write(0xcb);
    date('H');
    delay_ms(1);
    write(0xcc);
date(':');
    delay_ms(1);
    write(0xcd);
    date(tab_lcd[(th1/100)]);                   //百位
    delay_ms(1);
    write(0xce);
    date(tab_lcd[(th1% 100/10)]);               //十位
    delay_ms(1);
    write(0xcf);
    date(tab_lcd[(th1% 10)]);                   //个位
    delay_ms(1);
}
/*********************** TL2 温度报警显示************************ /
TL2_temp()
{
    read_18b20(0);
    dip[2]= tab_18b20[0]&0x0f;                  //提取小数部分
    dip[0]= db[dip[2]];                         //查表得小数位的值
    dip[1]= ((tab_18b20[0]&0xf0)> > 4)|((tab_18b20[1]&0x0f)< < 4);
                                                //提取整数部分
    tab_1= dip[0];                              //小数位
    tab_2= dip[1]% 10;                          //个位
    tab_3= dip[1]% 100/10;                      //十位
    tab_4= dip[1]/100;                          //百位
write(0xc0);
  date('T');
  delay_ms(1);
```

```
  write(0xc1);
  date('2');
  delay_ms(1);
  write(0xc2);
  date(':');
  delay_ms(1);
    if(dip[1]/100= = 0)                   //百位为0不显示
    {
    write(0xc3);
  date(from1[0]);                         //百位
    }
    else
    {
        write(0xc3);
        date(tab_lcd[tab_4]);             //百位
    }
  if(dip[1]/100< 0)
    {
        if(dip[1]/100< 0)                 //百位,十位都为0;则百位,十位都不显示
{
            write(0xc4);
            date(from1[0]);
            delay_ms(1);
        }
    }
    else
    {
        write(0xc4);
        date(tab_lcd[tab_3]);             //十位
        delay_ms(1);
      }
write(0xc5);
   date(tab_lcd[tab_2]);                  //个位
   delay_ms(1);
   write(0xc6);
   date(from[0]);                         //小数点位
   write(0xc7);
   date(tab_lcd[tab_1]);                  //小数位
   delay_ms(1);
```

```
    write(0xc8);
    date(0xdf);                                  //显示°
    delay_ms(1);
    write(0xc9);
date('C');                                       //显示 C
    delay_ms(1);
      write(0xca);
    date('T');
    delay_ms(1);
    write(0xcb);
    date('L');
    delay_ms(1);
    write(0xcc);
    date(':');
    delay_ms(1);
    write(0xcd);
  date(tab_lcd[(tl1/100)]);                      //百位
    delay_ms(1);
    write(0xce);
    date(tab_lcd[(tl1% 100/10)]);                //十位
    delay_ms(1);
    write(0xcf);
    date(tab_lcd[(tl1% 10)]);                    //个位
    delay_ms(1);
    write(0x01);                                 //清屏
}
/******************* 温度比较函数 ***************************** /
time_temp_alarm()
{
  read_18b20(1);                                 //读取 1 号传感器
  dip[2]= tab_18b20[0]&0x0f;                     //提取小数部分
  dip[0]= db[dip[2]];                            //查表得小数位的值
  dip[1]= ((tab_18b20[0]&0xf0)> > 4)|((tab_18b20[1]&0x0f)< < 4);
                                                 //提取整数部分
  tab_1= dip[0];                                 //小数位
  tab_2= dip[1]% 10;                             //个位
tab_3= dip[1]% 100/10;                           //十位
  tab_4= dip[1]/100;                             //百位
                                                 //TH1 比较报警
```

```
  if(dip[1]> th2)
  {
    delay_ms(10);
    if(dip[1]> th2)
    {
      while(dip[1]> th2)
        {
          read_18b20(1);
          time_alarm_show();
    TH1_temp();
          feng();
          write(0x01);                          //清屏
      }
    }
  }
                                                //TL1 比较报警
  if(dip[1]< tl2)
  {
    delay_ms(10);
  if(dip[1]< tl2)
    {
    while(dip[1]< tl2)
  {
      read_18b20(1);
      time_alarm_show();
      TL1_temp();
      feng();
      write(0x01);                              //清屏
      }
    }
  }
//////////////////////////////////////////////////////////////////////
  read_18b20(0);                                //读取 2 号传感器
dip[2]= tab_18b20[0]&0x0f;                      //提取小数部分
  dip[0]= db[dip[2]];                           //查表得小数位的值
  dip[1]= ((tab_18b20[0]&0xf0)> > 4)|((tab_18b20[1]&0x0f)< < 4);
                                                //提取整数部分
  tab_1= dip[0];                                //小数位
  tab_2= dip[1]% 10;                            //个位
```

```
  tab_3= dip[1]% 100/10;                                    //十位
  tab_4= dip[1]/100;                                        //百位
                                                            //TH2 比较报警
  if(dip[1]> th1)
  {
   delay_ms(10);
  if(dip[1]> th1)
    {
     while(dip[1]> th1)
       {
       read_18b20(0);
       time_alarm_show();
       TH2_temp();
       feng();
       write(0x01);                                         //清屏
      }
    }
  }
                                                            //TL2 比较报警
  if(dip[1]< tl1)
  {
   delay_ms(10);
  if(dip[1]< tl1)
    {
   while(dip[1]< tl1)
    {
     read_18b20(0);
     time_alarm_show();
     TL2_temp();
     feng();
     write(0x01);/清屏
      }
    }
  }
}
/****************** 选择温度显示函数******************************** /
void weng_disp()
{
  if(k1= = 0)
```

```
    {
    feng();
 while(1)
        {
        write_tempere_alarm();
        time_temp_alarm();
        time_display();
        read_18b20(1);
        lcd(1);
        delay_ms(1);
        if(k2= = 0)
           break;
        }
    }
  else if(k2= = 0)
    {
    feng();
    while(1)
  {
        write_tempere_alarm();
        time_temp_alarm();
        time_display();
        read_18b20(0);
        lcd(0);
        delay_ms(1);
        if(k1= = 0)
          break;
      }
    }
 }
/******************* 定时器0初始化函数******************** /
void TIMER0_init()
{TMOD= 0x02;
TH0= 0x06;
TL0= 0x06;
EA= 1;
ET0= 1;
TR0= 1;
}
```

```
/******************* 定时器0中断函数****************************** /
                                                      //时间
void time(void)interrupt 1
{
    t+ + ;
  if(t= = 4000)
    {t= 0;
        s+ + ;                                        //秒加1
      if(s= = 60)
          {s= 0;
               m+ + ;                                 //分加1
      if(m= = 60)
                    {m= 0;
                        h+ + ;                        //时加1
                            if(h= = 24)
                                {
                                      h= 0;           //时清0
                                }
                    }
                }
          }
    }
/*********************** 主函数************************************ /
main()
{
  TIMER0_init();
  init_1602();
  while(1)
    {
        time_display();
        shijian_taozheng();
        write_tempere_alarm();
        weng_disp();
    }
}
```

知识链接

DS18B20数字温度计是DALLAS公司生产的1-Wire，即单总线器件，具有线路简单，体积小的特点。因此用它来组成一个测温系统，具有线路简单，在一根通信线，

可以挂很多这样的数字温度计，十分方便。

1. DS18B20产品的特点

DS18B20产品的特点主要有以下几个。

(1) 适应电压范围更宽，电压范围为3.0～5.5 V，在寄生电源方式下可由数据线供电。

(2) 独特的单线接口方式，DS18B20在与微处理器连接时仅需要一条口线即可实现微处理器与DS18B20的双向通讯。

(3) DS18B20支持多点组网功能，多个DS18B20可以并联在唯一的三线上，实现组网多点测温。

(4) DS18B20在使用中不需要任何外围元件，全部传感元件及转换电路集成在形如一只三极管的集成电路内。

(5) 温度范围为－55～＋125℃，在－10～＋85时精度为±0.5℃。

(6) 可编程的分辨率为9～12位，对应的可分辨温度分别为0.5℃、0.25℃、0.125℃和0.0625℃，可实现高精度测温。

(7) 在9位分辨率时最多在93.75 ms内把温度转换为数字，12位分辨率时最多在750ms内把温度值转换为数字，速度更快。

(8) 测量结果直接输出数字温度信号，以"一线总线"串行传送给CPU，同时可传送CRC校验码，具有极强的抗干扰纠错能力。

(9) 负压特性：电源极性接反时，芯片不会因发热而烧毁，但不能正常工作。

2. DS18B20的总线访问协议

DS18B20的总线访问协议如下。

(1) 初始化。

(2) ROM操作命令。

(3) 存储器操作命令。

(4) 执行/数据。

3. DS18B20的寄存器的控制命令

(1) Read ROM [33h]。这个命令允许总线控制器读到DS1820的8位系列编码、唯一的序列号和8位CRC码。只有在总线上存在单只DS1820的时候才能使用这个命令。如果总上有不止一个从机，当所有从机试图同时传送信号时就会发生数据冲突(漏极开路连在一起形成相与的效果)。

(2) Match ROM [55h]。匹配ROM命令，后跟64位ROM序列，让总线控制器在多点总线上定位一只特定的DS1820。只有和64位ROM序列完全匹配的DS1820才能响应随后的存储器操作命令。所有和64位ROM序列不匹配的从机都将等待复位脉冲。这条命令在总线上有单个或多个器件时都可以使用。

(3) Skip ROM [CCh]。这条命令允许总线控制器不用提供64位ROM编码就使

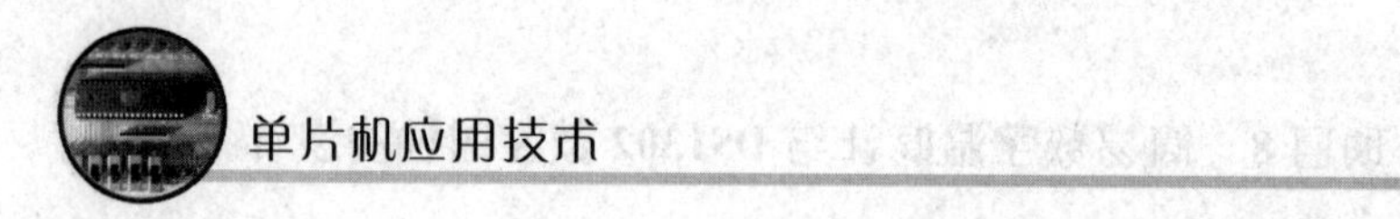

用存储器操作命令，在单点总线情况下可以节省时间。如果总线上不止一个从机，在Skip ROM命令之后跟着发一条读命令，由于多个从机同时传送信号，总线上就会发生数据冲突（漏极开路下拉效果相当于相与）。

（4）Search ROM [F0h]。当一个系统初次启动时，总线控制器可能并不知道单线总线上有多少器件或它们的64位ROM编码。搜索ROM命令允许总线控制器用排除法识别总线上的所有从机的64位编码。

（5）Alarm Search [ECh]。这条命令的流程图和Search ROM相同。然而，只有在最近一次测温后遇到符合报警条件的情况，DS1820才会响应这条命令。报警条件定义为温度高于TH或低于TL。只要DS1820不掉电，报警状态将一直保持，直到再一次测得的温度值达不到报警条件。

（6）I/O信号。DS1820需要严格的协议以确保数据的完整性。协议包括几种单总线信号类型：复位脉冲、存在脉冲、写0、写1、读0和读1。所有这些信号，除存在脉冲外，都是由总线控制器发出的。和DS1820间的任何通讯都需要以初始化序列开始。一个复位脉冲跟着一个存在脉冲表明DS1820已经准备好发送和接收数据（适当的ROM命令和存储器操作命令）。

（7）Write Scratchpad [4E]。这个命令向DS1820的暂存器中写入数据，开始位置在地址2。接下来写入的两个字节将被存到暂存器中的地址位置2和3。可以在任何时刻发出复位命令来中止写入。

（8）Read Scratchpad [BEh]。这个命令读取暂存器的内容。读取将从字节0开始，一直进行下去，直到第9（字节8，CRC）字节读完。如果不想读完所有字节，控制器可以在任何时间发出复位命令来中止读取。

（9）Copy Scratchpad [48h]。这条命令把暂存器的内容拷贝到DS1820的E2存储器里，即把温度报警触发字节存入非易失性存储器里。如果总线控制器在这条命令之后跟着发出读时间隙，而DS1820又正在忙于把暂存器拷贝到E2存储器，DS1820就会输出一个“0”，如果拷贝结束的话，DS1820则输出“1”。如果使用寄生电源，总线控制器必须在这条命令发出后立即起动强上拉并最少保持10ms。

（10）Convert T [44h]。这条命令启动一次温度转换而无需其他数据。温度转换命令被执行，而后DS1820保持等待状态。如果总线控制器在这条命令之后跟着发出读时间隙，而DS1820又忙于做时间转换的话，DS1820将在总线上输出“0”，若温度转换完成，则输出“1”。如果使用寄生电源，总线控制器必须在发出这条命令后立即起动强上拉，并保持500ms。

（11）Recall E2 [B8h]。这条命令把报警触发器里的值拷回暂存器。这种拷回操作在DS1820上电时自动执行，这样器件一上电暂存器里马上就存在有效的数据了。若在这条命令发出之后发出读时间隙，器件会输出温度转换忙的标识：“0”=忙，“1”=完成。

（12）Read Power Supply [B4h]。若把这条命令发给DS1820后发出读时间隙，器

件会返回它的电源模式："0" ＝寄生电源，"1" ＝外部电源。

任务实施

系统硬件电路调试比较简单，首先检查电路的焊接是否正确，然后用万用表测试或通电检测。系统软件调试可以先编写液晶显示程序，再编写定时器中断函数，在液晶上显示出正确的时间，随后编写时间调整函数。接下来分别进行 DS18B20 复位函数、DS18B20 写字节函数、DS18B20 读字节函数、温度计算转换函数等程序的编写调试，调试到液晶能显示温度值，在环境温度有变化时，显示温度能改变就说明已能正确读取温度数据。此时可以把制作出的温度计与已有的成品温度计进行测量比较。最后编写报警温度设置函数，直到实现设计任务的要求为止。

任务 2　DS1302 数字时钟的设计

提出任务

时钟已经成为人们生活中不可或缺的一个重要组成部分。时钟的构成和工作原理各不相同，这里将介绍一种以单片机为核心的数字电子时钟。该数字电子时针主要组成部分包括数码管（显示部分）、单片机（控制部分）和 DS1302（时钟芯片）。

本任务从介绍时钟芯片人手，先让读者了解什么是时钟芯片，进而明确如何用它来制作自己的数字时钟。

任务分析

1. 硬件分析

DSl302 与单片机的连接仅需要 3 条线，即 SCLK、I/O，和 RST。DS1302 与单片机及数码管连接的电路原理图如图 8-2 所示。V_{CC1} 在单电源与电池供电的系统中提供低电源并提供低功率的电池备份。V_{CC2} 在双电源系统中提供主电源，在这种方式下 V_{CC1} 连接到备份电源，以便在没有主电源的情况下能保存时间信息以及数据。DS1302 由 V_{CC1} 或 V_{CC2} 两者中的较大者供电。当 V_{CC2} 大于 V_{CC1} 时，V_{CC2} 给 DSl302 供电；当 V_{CC2} 小于 V_{CC1} 时，DSl302 由 V_{CC1} 供电。

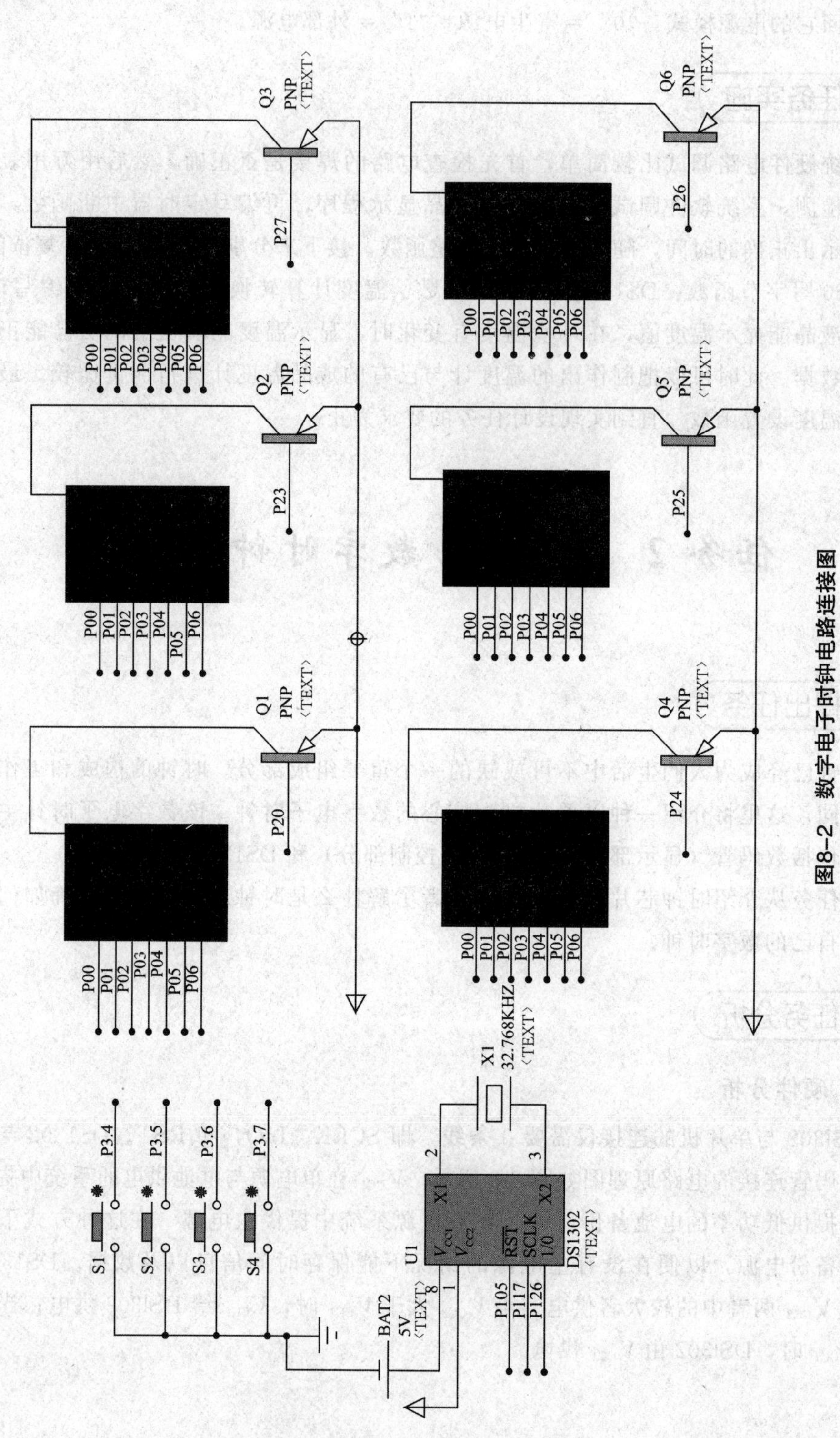

图 8-2 数字电子时钟电路连接图

2. 软件分析

源程序代码如下。

```
# include< AT89X52. h>
# include< ds1302. h>                   //包含 DS1302 头文件
# define leddata P0                     //定义 LED 数据口
# define sec 0x80                       //1302 秒寄存器地址
# define min 0x82                       //1302 分寄存器地址
# define hou Px84                       //1302 时寄存器地址
# define read 0x01                      //读操作,因为读的时候地址要加 1,使最低位为 1
sbit MODE= P3^4;                        //按键操作,下同
sbit SET= P3^5;
sbit UP= P3^6;
sbit DOWN=  P3^7;
sbit led0—P2^0;
                                        //LED 位选,田为布线不是按顺序布的,程序定义一下
                                          就可以了,下同
  sbit led1= P2^3;
  sbit led2= P2^7;
  sbit led3 = P2^4;
  sbit led4= P2^6;
  sbit led5= P2^5 ;
  void delays(unsigned char);
  void display();
  void Scan Key().
  void id_casel_key();
  void Set_ id(unsigned char,unsigned char);
unsigned char id= 0,timecount,re _disp=  0;
                                        //定义用到的变量,id 为调整模式用,不为 0 时表示
                                        //调整模式,调整哪个量由 id 值确定。timecount 用
                                        //于 500ms 定时记数,时间到取反 flag 标志位,re_
                                        //disp 记数 200 次共 10 s,调整状态下按键无操作
                                        //10s 自动返回正常显示状态
bit hour,minute,second,flag;
                                        //定义位变量,hour,minute,second 分别为调整
                                        //时闪烁标志位,flag 500 ms 取复一次,调整位闪烁
                                        //及冒号闪烁用
 unsigned char code tab [ ]= {0x48,0xEE,0x54,0xC4,0xE2,0xC1,0x41,0xEC,0x40,0xC0,
0x60};
                                        //LED 码表,根据硬件修改
```

```
unsigned char inittime [7]= {0x00,0x00,0x12,0x16,0x11,0x06,0x04};
                                        //初始化 1302 时用到的初始化数据
                                        //秒  分钟  小时  日  月  年  星期
Void t0( ) interrupt I using 0
                                        //中断处理程序,主要用于取反标志位,返回正常
                                        //显示状态
{
TH0= (65535- 50000)/256;                //50 ms 定时
TL0= (65535- 50000)% 256;
timecount+ + ;re_disp+ + ;
if(timecount> 9)
{
timecount= 0;
flag= ~ flag;
}
if(re_disp> 200){ re_disp= 0;if(id)id= 0;}
}
void delays (unsigned char k)           //延时函数
{
unsigned char i,j;
for(i= 0;i< k;i+ + )
for(j= 0;j< 50;j+ + );
}
void display( )                         //显示函数
{
if(flag&hour)                           //如 hour 为 1 表示调整时,flag 为 1 时不显示
{
led0= 0;leddata= 0xff;delays(10);led0= 1;
led1= 0;leddata= 0xff&~((unsigned char)~flag< < 6);
delays(10);led1= 1;                     //&~((unsigned char)~flag< < 6)该句根据
                                        //flag 的值决定来显示小数点,为 1 时显示,4 个
                                        //小数点组成两对冒号,下同
}
else                                    //flag 为 0 时显示,产生闪烁效果,下同
{
leddata= tab[Read]1302(hou|read)/16];led0= 0;delays(10);led0= 1;
leddata= tab[Read1302(hou|read)% I 6]&~((unsigned char) ~flag< < 6);
led1= 0;delays(10);led1= 1;
}
```

```
if(flag&minute)
{
led2= 0;leddata= 0xff&~ ((unsigned char)~flag< < 6);delays(10);led2= 1;
led3= 0;leddata= 0xff&~ ((unsigned char)~flag< < 6);delays(10);led3= 1;
}
else
{
leddata= tab[Read1302(min| read)/1 6]&~((unsigned char)~flag< < 6);
led2= 0;delays(1 0);led2= 1;
leddata= tab[Read1302(min |read)%1 6]&~((unsigned char)~flag< 6);
led3= 0;delays(10);led3= 1;
}
if(flag&second)
{
led4= 0;leddata= 0xff&~ ((unsigned char)~flag< < 6);delays(10);led4=  1;
led5= 0;leddata= 0xff;delays(10);led5= 1;
}
else
{
leddata= tab[Read1302( sec|read)/16]&~((unsigned char)~flag< < 6);
led4= 0;delays(10);led4= 1;
leddata= tab[Read1302(sec| read)%16];led5= 0;delays(10);led5= 1;
}
}
void Scan_key( )                            //键盘检测函数
{
display( );                                 //程序开头调用显示函数
if (! SET)
{
while(! SET)display( );                     //等待按键释放,如一直按下一直调用显示函数,防止
                                            //显示中断

re_disp= 0;                                 //清除记数,重新开始10 s定时
id+ + ;if(id> 3) id= 0;                     //id加1,后面根据id值对应调整项目
}
if(id= = 0) {hour= 0;minute= 0;second;}
                                            //根据id值跳到相应处理函数
if(id= = 1) {hour= 1;id_casel_key( );}
                                            //id为1,选择调整小时位,闪烁标志
```

```
                                        //位置 1,然后跳到键盘处理函数,
                                        //下同
if(id= = 2){hour= 0;minute= 1;id_casel_key( ); }
if(id= = 3){minute= 0;second= 1;id_casel_key( ); }
}
void id_casel_key( )
                                        //键盘处理函数,只有按下 set 键时才会进入
{
display( );
if (! DOWN)                             //减少
{
while(! DOWN)display();                 //等待按键释放,如一直按下一直调用显示函数,
                                        //防止显示中断
re_ disp= 0;                            //清除记数,重新开始 10 s 定时
Set _id(id,0);                          //跳到加减判断函数,下同
}
if(! UP)                                //增加
{
while(! UP)display();
re_disp= 0;
Set _id(id,1);
}
}
                                        //根据选择调整相应项目并写入 DS1302
void Set_ id(unsigned char sel,unsigned char sel_1
                                        //执行调整项目的函数
{
signed char max,mini,address,item;
if(sel= = 1){address= hou;max= 23;mini= 0;}
                                        //小时。根据 id 值确定要调整的项,并确定调整上下
                                        限,下同
if(sel= = 2){address= min;max= 59;mini= 0;}
                                        //分钟
if(sel= = 3){address= sec;max= 0;mini= 0;)
                                        //秒
item= Read1302(address| read)/16* 10+ Read1302(address |read)%16;
                                        //从相应的地址读取当前数据并转换为十进制
```

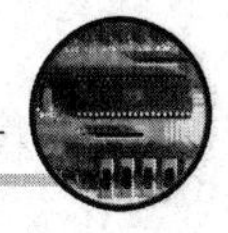

```
if(sel_1= = 0)item——;else item+ + ;
                                //确定是对项目加还是减,并对越限处理
if(item> max)item= mini;
if(item< mini)item= max;
Write1302(0x8e,0x00);           //允许写操作
Write1302(address,item/10* 16+ item%10);
                                //将调整结果转换成压缩 BCD 码重新写入 1302
Write1302(0x8e,0x80);           //写保护,禁止写操作
}
void main( )                    //主函数
    {
  TMOD= 0x01;                   //初始化定时器
    TH0= (65535- 50000)/256;
    TL0= (65535- 50000)%256;

EA= 1;
ET0= 1;
TR0= 1;
Write1302(0x90,0xa0);
                                //关闭充电二极管,不能对后备电池进行充电,防止发
                                  胀,原来的程序是打开的请关闭
Write1302(0x8e,0x80);           //写保护,禁止写操作
if(! UP&! DOWN)Set1302(inittime);
                                //如果同时按下 UP 和 DOWN 键则初始化 1302,该语句
                                  在 while(1)前,只执行一次,需要复位. 防止误操作
while(1)
{
Scan_key;                       //主程序一直调用键盘检测函数即可
}
}
```

2. 头文件 ds1302. h

```
sbit T_CLK= P1^2;
sbit T_IO= P1^1;
sbit T_RST= P1^0;
sbit ACC0= ACC^0;
sbit ACC7= ACC^7;
/************* DS1302 读写程序*********************
函  数  名:RTInputByte()
功      能:实时时钟写入一字节
```

```
说      明:往 DS1302 写入 1Byte 数据(内部函数)
入 口 参 数:d 写入的数据
返  回  值:无
************************************************
void RTInputByte(unsigned char d)
{
unsigned char i;
ACC= d;
for(i= 8;i> 0;i——)
{
T_ I0= ACC0;                              //相当于汇编中的 RRC
T_CLK= 1;
T_CLK= 0;
ACC= ACC> > 1;
}
/*****************************************************
函  教  名:RTOutputByte( )
功      能:实时时钟读取一字节
说      明:从 DS1302 读取 1 Byte 教据(内部函教)
入 口 参 数:无
返  回  值:ACC
***************************************************** /
unsigned char RTOutputByte( )
{
unsigned char i;
for(i= 8;i> 0;i——)
{
ACC= ACC> > 1;                            //相当于汇编中的 RRC
ACC7= T_ I0;
T_ CLK= 1;
T _CLK= 0;
}
return(ACC);
}
/***************************************************************
函  数  名:Write1302( )
功      能:往 DS1302 写入数据
说      明:先写地址,后写命令/数据(内部函数)
调      用:RTInputByte(),RTOutputByte()
```

```
入 口 参 数:ucAddr:DS1302 地址,ucData:要写的数据
返  回  值:无
*************************************************************** /
void Write1302(unsigned char ucAddr,unsigned char ucDa)
{
T_RST= 0;
T_CLK= 0;
T_RST= 1;
RTInputByte(ucAddr);                  //地址,命令
RTInputByte(ucDa);                    //写 1 Byte 的数据
T_CLK= 1;
T_RST= 0;
}
/***************************************************************
函   数   名:Read1302()
功        能:读取 DS1302 某地址的数据
说        明:先写地址,后读命令/数据(内部函数)
调        用:RTInputByte(),RTOutputByte()
入 口 参 数:ucAddr:DS1302 地址
返   回   值:ucData:读取的数据
****************************************************** /
unsigned char Read1302(unsigned char ucAddr)
{
unsigned char ucData;
T_RST= 0;
T_CLK= 0;
T_RST= 1;
RTlnputByte](ucAddr);                 //地址,命令
ucData= RTOutputByte();               //读 1 Byte 数据
T_CLK= 1;
T_ RST= 0;
return(ucData);
}

/*****************************************************
函   数   名:Set1302( )
功        能:设置初始时间
说        明:先写地址,后读命令/数据(寄存器多字节方式)
调        用:Write1302()
```

```
入 口 参 数:pClock:设置时钟数据地址  格式为:秒  分  时  日  月  星期  年
7Byte(BCD码)1B  1B  IB  1B  1B   1B  1B
返  回  值:无
*********************************************************** /
void Set1302(unsigned char* pClock)
{
unsigned char i;
unsigned char ucAddr= 0x80;
write1302(0x8e,0x00);                    //控制命令,WP= 0,写操作
for(i= 7;i> 0;i——)
{
Writel1302(ucAddr,* pClock);       //秒  分  时  日  月  星期  年
pClock+ + ;
ucAddr+ = 2;
}
Write1302(0x8e,0x80);                    //控制命令,WP= 1,写保护
}
```

知识链接

1. 时钟芯片

时钟芯片根据其用途可分为时钟生成芯片、时钟分配芯片、时钟处理芯片和混合型时钟芯片。

(1) 时钟生成芯片。此类时钟芯片可生成一个或多个新的时钟频率。放置于时钟树起点的此类时钟芯片称为时钟发生器。为了生成系统所需的各种时钟频率，必须采用这种发生器。另一方面，当此类芯片直接插入时钟树内时，则被称为时钟合成器。如果一个发生器无法从起点处生成所需的全部频率，则可在时钟树分支中采用合成器来生成其余的频率。

(2) 时钟分配芯片。时钟分配芯片用丁提供一种或多种输出频率的多个副本。在业界，这些器件有一个不太严格的称呼，即“缓冲器”。

(3) 时钟处理芯片。时钟处理芯片用于对输入时钟波形进行某种形式的处理。最简单的形式是信号传输电平变换器。

(4) 混合型时钟芯片。混合型时钟组合了时钟生成、发生和处理功能，包括采用直接输人的时钟合成，或采用另外一个（晶体）输入的时钟发生，以及某种时钟分配能力。

根据常用时钟芯片接口的不同可以将其分为如下三类。

(1) 并行接口芯片。DSl2C887系列，现在已经衍生出很多型号，其主要的生产厂商包括Dallas、Philips和日本精工等。现在很多常见的时钟芯片国内都有仿制的，价

格低廉，在要求不高的场合得到了广泛应用。

（2）串行接口芯片。现在流行的串行时钟芯片有很多，如 DSl302、DSl307、PCF8485 等。这些芯片的接口简单、价格低廉、使用方便，因而被广泛采用。采用 I2C 接口，主要包括 Philips 公司的 PCF8563、PCF8583，Epson 公司的 RX8025，Dallas 公司的 DSl 307，Ricoh 公司的 RS5C3 72，日本精工的 S－353 90，Inter 公司的 X1288。国内的主要有深圳威帆电子公司出的 SD2000 系列。

（3）三线接口芯片。这主要包括 Dallas 公司的 DSl305、DSl302. 其中 DSl302 国内有相关的仿制产品，PTI 的仿制型号是 PT7C4302。

2. DSl302

DSl302 是 Dallas 公司推出的涓流充电时钟芯片，内含一个实时时钟/日历和大小为 31 B 的 SRAM，可以通过串行接口与单片机进行通信。实时时钟/日历电路提供秒、分、时、日、星期、月、年的信息，每月与每年的天数均可自动调整，时钟操作可通过 AM/PM 标志位决定采用 24 h 或 12 h 的时间格式。DS1302 与单片机之间能简单地采用同步串行的方式进行通讯，仅需用到 3 个口线：RES（复位），I/O 数据线，SCLK（串行时钟）。时钟 RAM 的读/写数据以一字节或多达 31 B 的字符组方式进行通信。DS1302 工作时功耗很低，保持数据和时钟信息时，功率小于 1 mW。

（1）DSl302 的性能指标。DSl302 是由 DSl202 改进而来，在 DSl202 的基础上增加的特性有：双电源引脚用于主电源和备份电源供应；VCC1 为可编程涓流充电电源；附加 7 B 暂存器；备份电源引脚可由电池或大容量电容输人。它广泛应用于电话、传真、便携式仪器以及电池供电的仪器仪表等产品领域，其主要的性能指标如下。

①实时时钟具有计算 2100 年之前的秒、分、时、日、日期、星期、月、年的能力，同时具有闰年调整的能力。

②内部有一个 31 B 用于临时存放数据的 RAM。

③串行 I/O 方式使得引脚数量最少。

③宽范围工作电压：2.0～5.5V。

⑤工作电压为 2.0 V 时，工作电流小于 300 nA。

⑥读/写时钟或 RAM 数据时有两种传送方式：单字节传送和多字节传送（字符组方式）。

⑦8 脚 DIP 封装或可选的 8 脚 soIc 封装（根据表面装配）。

⑧简单 3 线接口。

⑨与 TTL 兼容，V_{CC}＝5 V。

⑩可选工业级温度范围：40～85℃。

⑪与 DSl202 兼容。

（2）引脚图及功能表。DSl302 的引脚如图 8-3 所示，各引脚功能如表 8-1 所示。

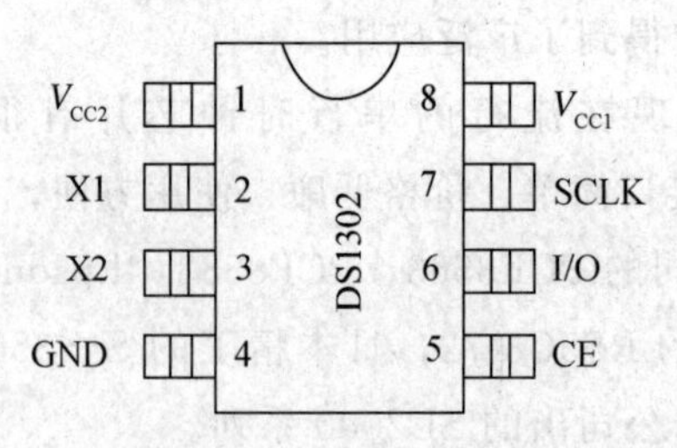

图 8-3　DS1302 引脚图

表 8-1　DS1302 引脚功能

引脚号	引脚名称	功能
1	V_{CC2}	主电源
2、3	X1、X2	振荡源，外接 32.768KHZ 晶振
4	GND	接地
5	RST	复位/片选端
6	I/O	串行数据输入/输出端（双向）
7	SCLK	串行时钟输入端
8	VCC_1	备用电源

（3）DS1302 工作原理。串行时钟芯片主要由寄存器、控制寄存器、振荡器，实时时钟以及 RAM 组成。为了对任何数据传送进行初始化，需要将 RST 置为高电平，并将 8 位地址和命令信息装入移位寄存器。数据在 SCLK 的上升沿串行输入，前 8 位指定访问地址，命令字装入移位寄存器后，在之后的时钟周期，读操作时输出数据，写操作时输人数据。

（4）控制命令字节。控制命令字节的结构如表 8-2 所示。

表 8-2　控制命令字节的结构

<table>
<tr><td>7</td><td>6</td><td>5</td><td>4</td><td>3</td><td>2</td><td>1</td><td>0</td></tr>
<tr><td rowspan="2">1</td><td>RAM</td><td rowspan="2">A4</td><td rowspan="2">A3</td><td rowspan="2">A2</td><td rowspan="2">A1</td><td rowspan="2">A0</td><td>RD</td></tr>
<tr><td>CK</td><td>WR</td></tr>
</table>

控制字的最高有效位（位 7）必须是逻辑 1，如果它为逻辑 0，则不能把数据写入到 DS1302 中。位 6 如果为逻辑 0 表示存取日历时钟数据，为逻辑 1 表示存取 RAM 数据；位 5 至位 1（A4～A0）指示操作单元的地址；位 0（最低有效位）如果为逻辑 0 表示进行写操作，为逻辑 1 表示进行读操作。

（5）DS1302 寄存器。DSl302 共有 12 个寄存器，其中有 7 个寄存器与日历、时钟相关，存放的数据位为 BCD 码形式。寄存器的选择根据命令字而定，其中日历、时钟寄存器与控制字对照如表 8-3 所示。

表 8-3　日历、时钟寄存器与控制字对照表

寄存器名称	7	6	5	4	3	2	1	0
	1	RAM/CK	A4	A3	A2	A1	A0	RD/WR
秒寄存器	1	0	0	0	0	0	0	—
分寄存器	1	0	0	0	0	0	1	—
小时寄存器	1	0	0	0	0	1	0	—
日寄存器	1	0	0	0	0	1	1	—
月寄存器	1	0	0	0	1	0	0	—
星期寄存器	1	0	0	0	1	0	1	—
年寄存器	1	0	0	0	1	1	0	—
写保护寄存器	1	0	0	0	1	1	1	—
慢充电寄存器	1	0	0	1	0	0	0	—
时钟突发寄存器	1	0	1	1	1	1	1	—

最后一位 RD/WR 为 0 表示进行写操作，为 1 表示进行读操作。DSl302 主要寄存器命令字、取值范围及各位内容对照如表 8-4 所示。

表 8-4　DS1302 主要寄存器命令字、取值范围及各位内容对照表

寄存器名称	命令字		取值范围	各位内容							
	写操作	读操作		7	6	5	4	3～0			
秒寄存器	80H	81H	00～59	CH	10SEC			SEC			
分寄存器	82H	83H	00～59	0	10MIN			MIN			
小时寄存器	84H	85H	01～12 或 00～23	12/24	0	10/(A/P)	HR	HR			
日寄存器	86H	87H	01～28、29、30、31	0		10DAY		DAY			
月寄存器	88H	89H	01～12	0		0	10M	MONTH			
星期寄存器	8AH	8BH	01～07	0		0	0	WEEK			
年寄存器	8CH	8DH	01～99	10YEAR				YEAR			
写保护寄存器	8EH	8FH	—	WP	0	0	0	0			
慢充电寄存器	90H	91H	—	TCS	TCS	TCS	TCS	DS	DS	RS	RS
时钟突发寄存器	BEH	BFH	—	—	—	—	—	—	—	—	—

其中有些特殊位需要特别指出。

①CH：时钟暂停位。当设置此位为1时，振荡器停止，DS1302处于低功率的备份方式；当此位变为0时，时钟开始启动。

②12/24：12小时或24小时方式选择位。此位为1时选择12小时方式，在12小时方式式下，位5是AM/PM选择位，此位为1时表示PM；此值为0时选择24小时方式，位5是第2个小时位（20～23时）。

③WP：写保护位。写保护寄存器的位7置为0，在读操作时总是读出0。在对时钟或RAM进行写操作之前，位7必须为0，当它为高电平时，写保护位禁止对任何其他寄存器进行写操作。

④TCS：控制慢充电的选择位。为了防止偶然因素使DS1302工作，只有1010模式才能使慢速充电工作。

⑤DS：二极管选择位。如果DS为01，那么选样一个二极管；如月DS为10，则选择两个二极管；如果DS为11或00，那么充电器被禁止，与TCS无关。

⑥RS：选择连接在VCC2与VCC1之间的电阻。如果RS为00，那么充电器被禁止，与TS无关。RS取值与所选电阻的对应关系如表8-5所示。

表8-5　RS取值与所选电阻的对应关系

RS位	电阻	典型值
00	无	无
01	R1	2KΩ
10	R2	4KΩ
11	R3	8KΩ

DS1302与RAM相关的寄存器分为两娄：一类是单个RAM单元，其31个，每个单元组态为一个字节，其命令控制字为C0H～FDH，其中奇数为读操作，偶数为写操作；另一类为突发方式下的RAM寄存器，此方式下可一次性读写所有RAM的31个字节，命令控制字为FEH（写）和FFH（读）。

RAM区寄存器与控制字的对应关系如表8-6所示。

表8-6　RAM区寄存器与控制字的对应关系

寄存器名称	7	6	5	4	3	2	1	0
	1	RAM/CK	A4	A3	A2	A1	A0	RD/WR
RAM0	1	1	0	0	0	0	0	—
RAM1	1	1	0	0	0	0	1	—
…	…	…	…	…	…	…	…	…
RAM30	1	1	1	1	1	1	0	—
RAM突变	1	1	1	1	1	1	1	—

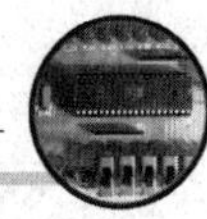

（6）复位和时钟控制。通过将 RST 输入驱动置高电平来启动所有数据传送。RST 输入有两种功能。首先，RST 接通控制逻辑，允许地址/命令序列送入移位寄存器；其次，RST 提供了终止单字节或多字节数据的传送手段。当 RST 为高电平时，所有的数据传送被初始化，允许对 DSl302 进行操作。如果在传送过程中置 RST 为低电平，则会终止此数据传送，并且 I/O 引脚变为高阻态。上电运行时，在 Vcc≥2.5V 之前，RST 必须保持低电平。只有当 SCLK 为低电平时，才能将 RST 置为高电平。

（7）数据输入/输出。数据输人是在输入写命令字的 8 个 SCLK 周期之后，在接下来的 8 个 SCLK 周期中的每个脉冲的上升沿输人数据，数据从 0 位开始。如果有额外的 SCLK 周期，它们将被忽略。

数据输出是在输出读命令字的 8 个 SCLK 周期之后，在接下来的 8 个 SCLK 周期中的每个脉冲的下降沿输出数据，数据从 0 位开始。需要注意的是，第一个数据位在命令字节的最后一位之后的第一个下降沿被输出。只要 RST 保持高电平，如果有额外的 SCLK 周期，将重新发送数据字节，即多字节传送。

任务实施

（1）绘制出电路原理图。

（2）根据下列参考程序编写出正确的程序。

（3）运用仿真软件最终仿真出结果。

项目习题

1. DS18B20 芯片的引脚功能有哪些？

2. DS1302 芯片的引脚功能有哪些？

项目 9　定时计数器专项

知识目标

- 掌握定时计数器功能；
- 了解定时计数器工作原理；
- 掌握定时计数器控制命令字与寄存器。

能力目标

- 能进行硬件电路搭建；
- 能进行定时计数器对应程序编写；
- 能对 DS1302 数字时钟项目系统调试。

任务 1　秒表

提出任务

用 AT89S51 单片机的定时/计数器 T0 产生一秒的定时时间，作为秒计数时间，当一秒产生时，秒计数加 1，秒计数到 60 时，自动从 0 开始。硬件电路如下图所示

任务分析

1. 硬件电路分析

系统板上硬件连线如图 9-1 所示。

（1）把“单片机系统”区域中的 P0.0/AD0－P0.7/AD7 端口用 8 芯排线连接到“四路静态数码显示模块”区域中的任一个 a～h 端口上；要求：P0.0/AD0 对应着 a，P0.1/AD1 对应着 b，…，P0.7/AD7 对应着 h。

（2）把“单片机系统”区域中的 P2.0/A8～P2.7/A15 端口用 8 芯排线连接到“四路静态数码显示模块”区域中的任一个 a～h 端口上；要求：P2.0/A8 对应着 a，P2.1/A9 对应着 b，…，P2.7/A15 对应着 h。

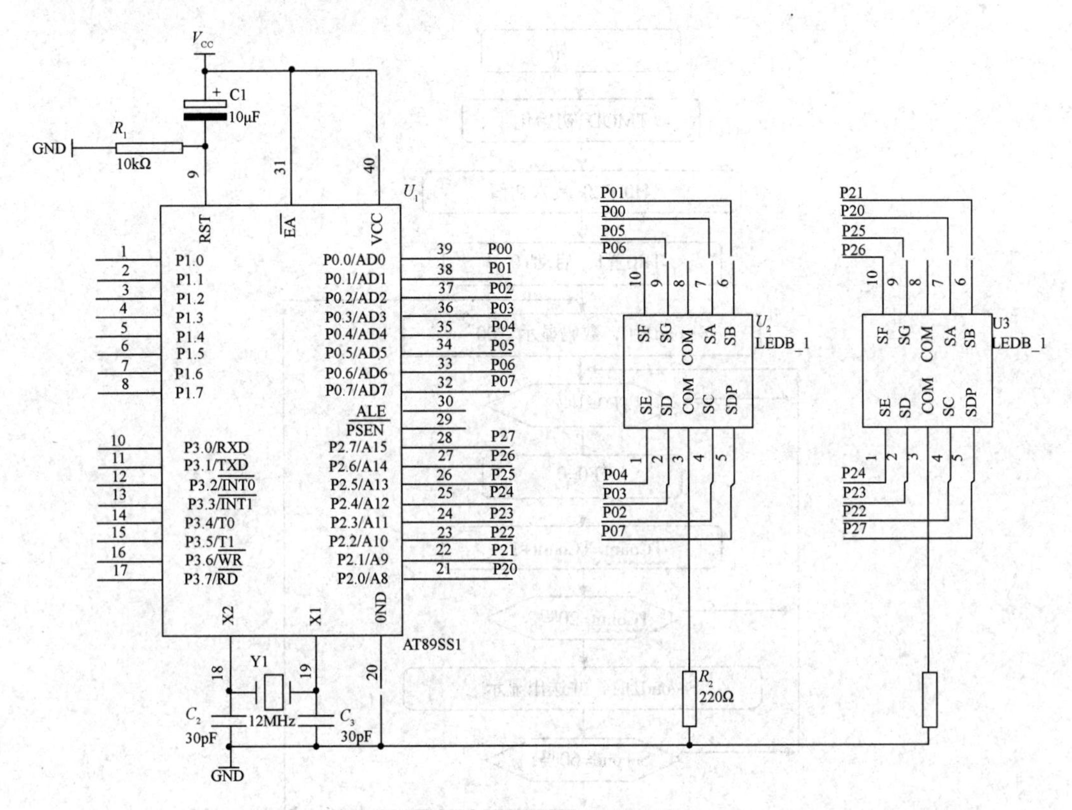

图 9-1 系统板上硬件连线

2. 软件程序分析

AT89S51 单片机的内部 16 位定时/计数器是一个可编程定时/计数器，它既可以工作在 13 位定时方式，也可以工作在 16 位定时方式和 8 位定时方式。只要通过设置特殊功能寄存器 TMOD，即可完成。定时/计数器何时工作也是通过软件来设定 TCON 特殊功能寄存器来完成的。

现在选择 16 位定时工作方式，对于 T0 来说，最大定时也只有 65536 μs，即 65.536 ms，无法达到我们所需要的 1 秒的定时，因此，我们必须通过软件来处理这个问题，假设我们取 T0 的最大定时为 50 ms，即要定时 1 秒需要经过 20 次的 50 ms 的定时。对于这 20 次我们就可以采用软件的方法来统计了。因此，设定 TMOD＝00000001B，即 TMOD＝01H。下面要给 T0 定时/计数器的 TH0，TL0 装入预置初值，通过公式可以计算出

$$TH0 = (2^{16} - 50000) / 256$$

$$TL0 = (2^{16} - 50000) \text{ MOD } 256$$

当T0在工作的时候，如何得知50 ms的定时时间已到，这可以通过检测TCON特殊功能寄存器中的TF0标志位，如果TF0＝1，表示定时50 ms的时间已到。

程序框图如图9-2所示。

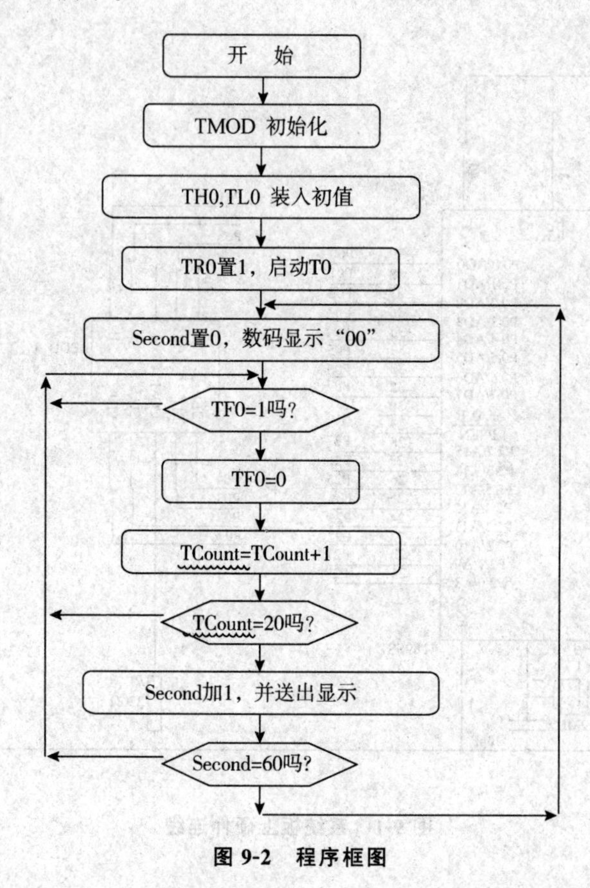

图9-2 程序框图

知识链接

还有一种编程形式，使用的是汇编语言，感兴趣的同学可以了解一下，目前编程趋势是C语言加汇编语言同时使用。

汇编源程序（查询法）

```
SECOND EQU 30H
TCOUNT EQU 31H
ORG 00H
START: MOV SECOND,# 00H
MOV TCOUNT,# 00H
MOV TMOD,# 01H
MOV TH0,# (65536- 50000) / 256
MOV TL0,# (65536- 50000) MOD 256
```

```
SETB TR0
DISP: MOV A,SECOND
MOV B,# 10
DIV AB
MOV DPTR,# TABLE
MOVC A,@ A+ DPTR
MOV P0,A
MOV A,B
MOVC A,@ A+ DPTR
MOV P2,A
WAIT: JNB TF0,WAIT
CLR TF0
MOV TH0,# (65536- 50000) / 256
MOV TL0,# (65536- 50000) MOD 256
INC TCOUNT
MOV A,TCOUNT
CJNE A,# 20,NEXT
MOV TCOUNT,# 00H
INC SECOND
MOV A,SECOND
CJNE A,# 60,NEX
MOV SECOND,# 00H
NEX: LJMP DISP
NEXT: LJMP WAIT
TABLE: DB 3FH,06H,5BH,4FH,66H,6DH,7DH,07H,7FH,6FH
END
```

C 语言源程序（查询法）

```
# include < AT89X51. H>
unsigned char code dispcode[]= {0x3f,0x06,0x5b,0x4f,
0x66,0x6d,0x7d,0x07,
0x7f,0x6f,0x77,0x7c,
0x39,0x5e,0x79,0x71,0x00};
unsigned char second;
unsigned char tcount;
void main(void)
{
TMOD= 0x01;
TH0= (65536- 50000)/256;
TL0= (65536- 50000)% 256;
```

```
TR0= 1;
tcount= 0;
second= 0;
P0= dispcode[second/10];
P2= dispcode[second% 10];
while(1)
{
if(TF0= = 1)
{
tcount+ + ;
if(tcount= = 20)
{
tcount= 0;
second+ + ;
if(second= = 60)
{
second= 0;
}
P0= dispcode[second/10];
P2= dispcode[second% 10];
}
TF0= 0;
TH0= (65536- 50000)/256;
TL0= (65536- 50000)% 256;
}
}
}
```

任务实施

（1）绘制出电路原理图。

（2）根据下列参考程序编写出正确的程序。

（3）运用仿真软件最终仿真出结果。

（4）采用中断的方法进行编程。

汇编源程序（中断法）

```
SECOND EQU 30H
TCOUNT EQU 31H
ORG 00HLJMP START
ORG 0BH
```

```
LJMP INT0X
START: MOV SECOND,# 00H
MOV A,SECOND
MOV B,# 10
DIV AB
MOV DPTR,# TABLE
MOVC A,@ A+ DPTR
MOV P0,A
MOV A,B
MOVC A,@ A+ DPTR
MOV P2,A
MOV TCOUNT,# 00H
MOV TMOD,# 01H
MOV TH0,# (65536- 50000) / 256
MOV TL0,# (65536- 50000) MOD 256
SETB TR0
SETB ET0
SETB EA
SJMP $
INT0X:
MOV TH0,# (65536- 50000) / 256
MOV TL0,# (65536- 50000) MOD 256
INC TCOUNT
MOV A,TCOUNT
CJNE A,# 20,NEXT
MOV TCOUNT,# 00H
INC SECOND
MOV A,SECOND
CJNE A,# 60,NEX
MOV SECOND,# 00H
NEX: MOV A,SECOND
MOV B,# 10
DIV AB
MOV DPTR,# TABLE
MOVC A,@ A+ DPTR
MOV P0,A
MOV A,B
MOVC A,@ A+ DPTR
MOV P2,A
```

```
NEXT: RETI

TABLE:DB 3FH,06H,5BH,4FH,66H,6DH,7DH,07H,7FH,6FH
END
```

C 语言源程序（中断法）

```
# include < AT89X51.H>
unsigned char code dispcode[]= {0x3f,0x06,0x5b,0x4f,
0x66,0x6d,0x7d,0x07,
0x7f,0x6f,0x77,0x7c,
0x39,0x5e,0x79,0x71,0x00};
unsigned char second;
unsigned char tcount;

void main(void)
{
TMOD= 0x01;
TH0= (65536- 50000)/256;
TL0= (65536- 50000)% 256;
TR0= 1;
ET0= 1;
EA= 1;
tcount= 0;
second= 0;
P0= dispcode[second/10];
P2= dispcode[second% 10];
while(1);
}

void t0(void) interrupt 1 using 0
{
tcount+ + ;
if(tcount= = 20)
{
tcount= 0;
second+ + ;
if(second= = 60)
{
second= 0;
}
```

```
P0= dispcode[second/10];
P2= dispcode[second% 10];
}
TH0= (65536- 50000)/256;
TL0= (65536- 50000)% 256;
}
```

任务2　定时计数器T0

提出任务

用AT89S51的定时/计数器T0产生2秒钟的定时，每当2s定时到来时，更换指示灯闪烁，每个指示闪烁的频率为0.2s，也就是说，开始L1指示灯以0.2s的速率闪烁，当2s定时到来之后，L2开始以0.2s的速率闪烁，如此循环下去。0.2s的闪烁速率也由定时/计数器T0来完成。

任务分析

1. 硬件电路分析

如图9-3所示，把“单片机系统”区域中的P1.0－P1.3用导线连接到“八路发光二极管指示模块”区域中的L1－L4上。

2. 软件程序设计

（1）由于采用中断方式来完成，因此，对于中断源必须它的中断入口地址，对于定时/计数器T0来说，中断入口地址为000BH，因此在中断入口地方加入长跳转指令来执行中断服务程序。书写汇编源程序格式如下。

```
ORG 00H
LJMP START
ORG 0BH                          ;定时/计数器 T0 中断入口地址
LJMP INT_T0
START: NOP                       ;主程序开始

INT_T0: PUSH ACC                 ;定时/计数器 T0 中断服务程序
PUSH PSW

POP PSW
```

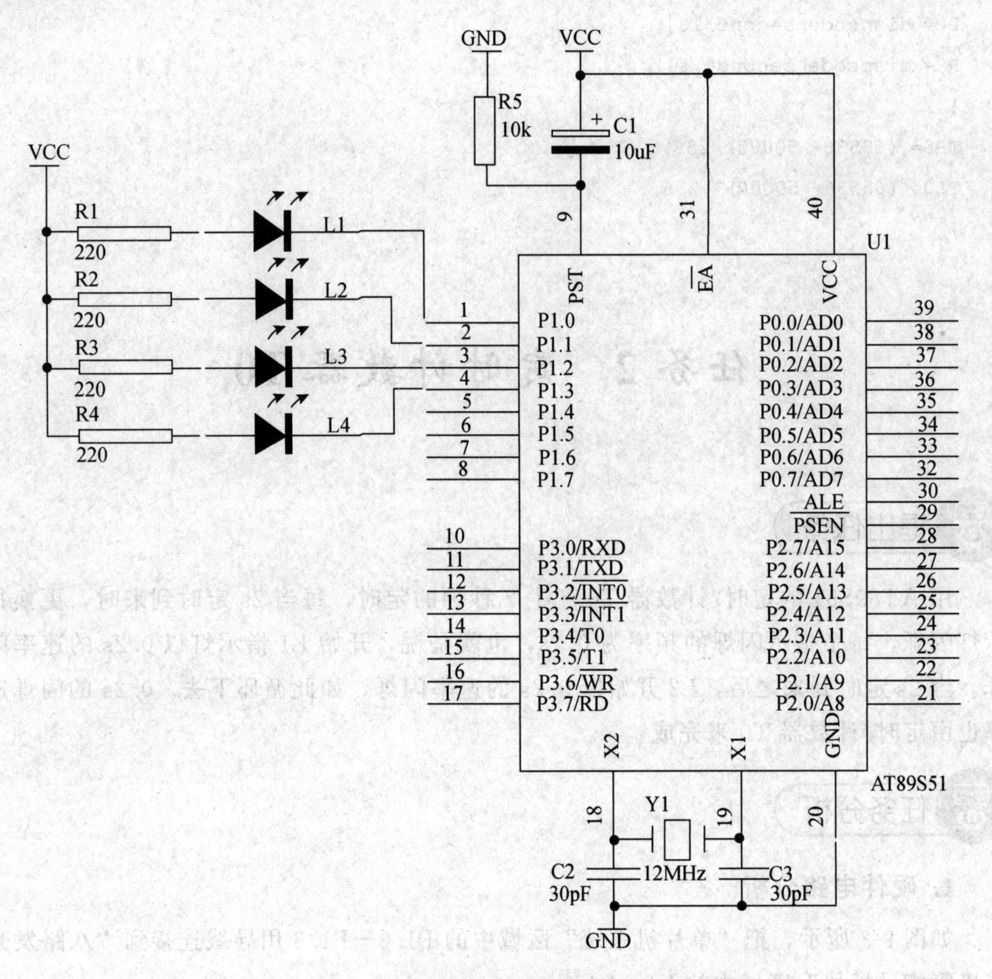

图 9-3　导线连接

```
POP ACC
RETI                                   ;中断服务程序返回
END
```

（2）定时 2s，采用 16 位定时 50ms，共定时 40 次才可达到 2s，每 50ms 产生一中断，定时的 40 次数在中断服务程序中完成，同样 0.2s 的定时，需要 4 次才可达到 0.2s。对于中断程序，在主程序中要对中断开中断。

（3）由于每次 2s 定时到时，L1－L4 要交替闪烁。采用 ID 来号来识别。当 ID＝0 时，L1 在闪烁，当 ID＝1 时，L2 在闪烁；当 ID＝2 时，L3 在闪烁；当 ID＝3 时，L4 在闪烁

为 T0 中断服务程序框图如图 9-4 所示。

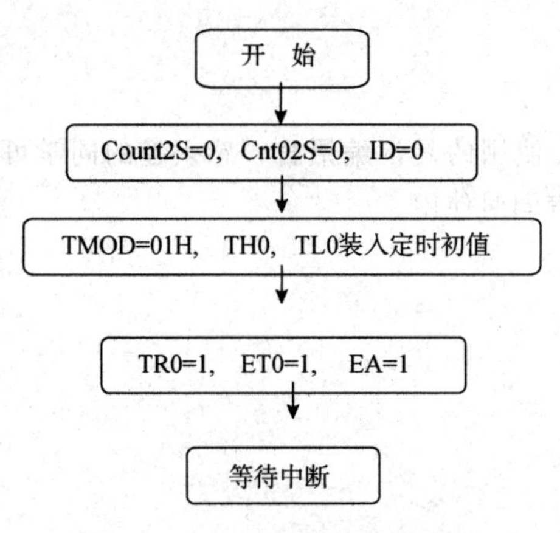

图 9-4　为 T0 中断服务程序框图

主程序框图如图 9-5 所示。

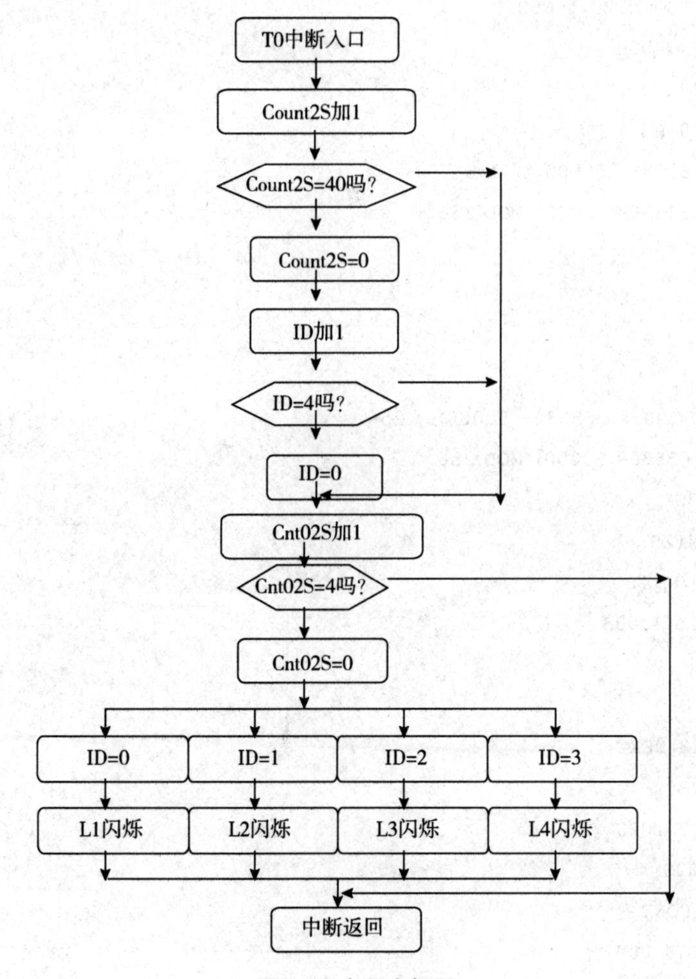

图 9-5　主程序框图

知识链接

还有一种编程形式，使用的是汇编语言，感兴趣的同学可以了解一下，目前编程趋势是C语言加汇编语言同时使用。

汇编源程序

```
TCOUNT2S EQU 30H
TCNT02S EQU 31H
ID EQU 32H
ORG 00H
LJMP START
ORG 0BH
LJMP INT_T0
START: MOV TCOUNT2S,# 00H
MOV TCNT02S,# 00H
MOV ID,# 00H
MOV TMOD,# 01H
MOV TH0,# (65536- 50000) / 256
MOV TL0,# (65536- 50000) MOD 256
SETB TR0
SETB ET0
SETB EA
SJMP $
INT_T0: MOV TH0,# (65536- 50000) / 256
MOV TL0,# (65536- 50000) MOD 256
INC TCOUNT2S
MOV A,TCOUNT2S
CJNE A,# 40,NEXT
MOV TCOUNT2S,# 00H
INC ID
MOV A,ID
CJNE A,# 04H,NEXT
MOV ID,# 00H
NEXT: INC TCNT02S
MOV A,TCNT02S
CJNE A,# 4,DONE
MOV TCNT02S,# 00H
MOV A,ID
CJNE A,# 00H,SID1
```

```
CPL P1.0
SJMP DONE
SID1: CJNE A,# 01H,SID2
CPL P1.1
SJMP DONE
SID2: CJNE A,# 02H,SID3
CPL P1.2
SJMP DONE
SID3: CJNE A,# 03H,SID4
CPL P1.3
SID4: SJMP DONE
DONE: RETI
END
```

任务实施

（1）绘制出电路原理图。

（2）根据下列参考程序编写出正确的程序。

（3）运用仿真软件最终仿真出结果。

C 语言源程序

```
# include < AT89X51.H>

unsigned char tcount2s;
unsigned char tcount02s;
unsigned char ID;

void main(void)
{
TMOD= 0x01;
TH0= (65536- 50000)/256;
TL0= (65536- 50000)% 256;
TR0= 1;
ET0= 1;
EA= 1;

while(1);
}

void t0(void) interrupt 1 using 0
```

```
    {
    tcount2s+ + ;
    if(tcount2s= = 40)
    {
    tcount2s= 0;
    ID+ + ;
    if(ID= = 4)
    {
    ID= 0;
    }
    }
tcount02s+ + ;
    if(tcount02s= = 4)
    {
    tcount02s= 0;
    switch(ID)
    {
    case 0:
    P1_0= ~ P1_0;
    break;
    case 1:
    P1_1= ~ P1_1;
    break;
    case 2:
    P1_2= ~ P1_2;
    break;
    case 3:
    P1_3= ~ P1_3;
    break;
    }
    }
    }
```

项目习题

1. 单片机内部定时计数器一共有几种工作方式？最常用哪几种？为什么？

2. 根据实际情况完成实训室工单。

项目 10　99 秒马表设计

知识目标

- 掌握定时计数器功能；
- 了解定时计数器工作原理；
- 掌握定时计数器控制命令字与寄存器。

能力目标

- 能进行硬件电路搭建；
- 能进行定时计数器对应程序编写；
- 能对 DS1302 数字时钟项目系统调试。

任务 1　马表设计

提出任务

(1) 开始时，显示“00”，第 1 次按下 SP1 后就开始计时。

(2) 第 2 次按 SP1 后，计时停止。

(3) 第 3 次按 SP1 后，计时归零。

任务分析

1. 硬件分析

系统板上硬件连线如图 10-所示。

(1) 把“单片机系统”区域中的 P0.0/AD0－P0.7/AD7 端口用 8 芯排线连接到“四路静态数码显示模块”区域中的任一个 a－h 端口上；要求：P0.0/AD0 对应着 a，

P0.1/AD1 对应着 b，…，P0.7/AD7 对应着 h。

(2. 把“单片机系统”区域中的 P2.0/A8～P2.7/A15 端口用 8 芯排线连接到“四路静态数码显示模块”区域中的任一个 a～h 端口上；要求：P2.0/A8 对应着 a，P2.1/A9 对应着 b，…，P2.7/A15 对应着 h。

(3) 把“单片机系统“区域中的 P3.5/T1 用导线连接到”独立式键盘“区域中的 SP1 端口上；

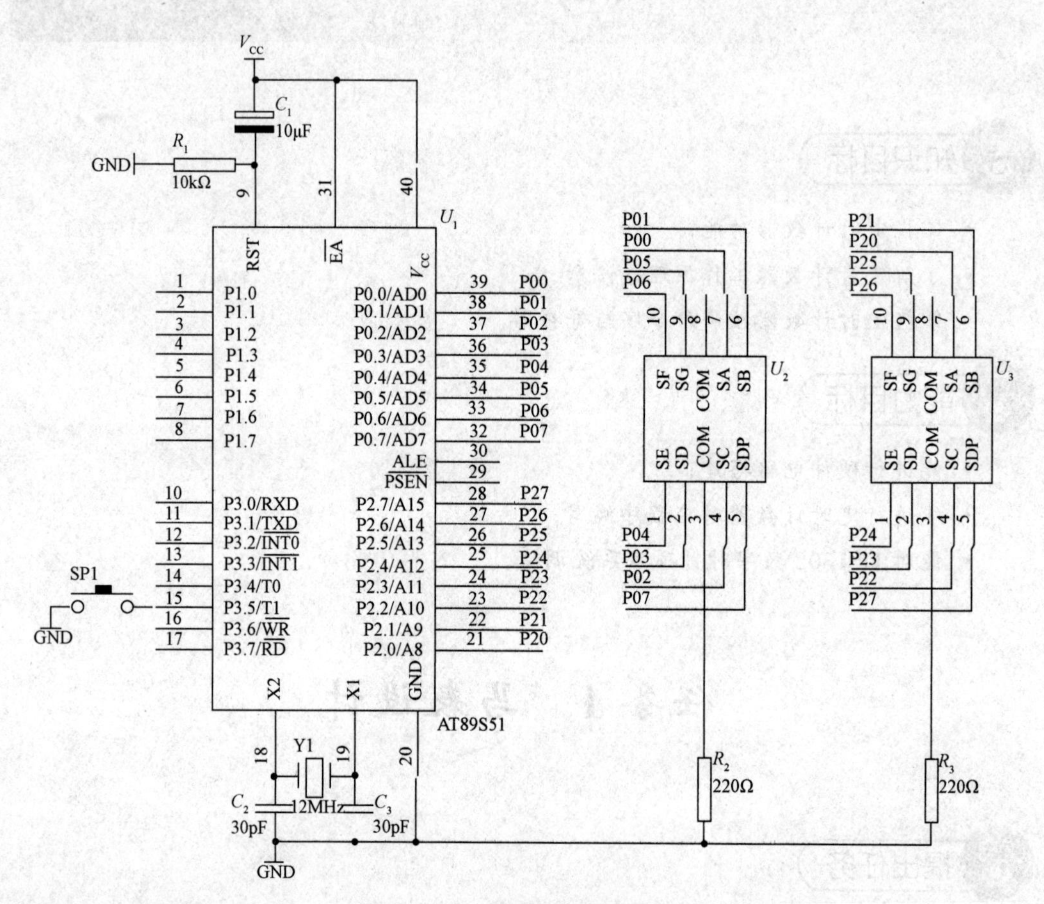

图 10-1　系统板上硬件连线

2. 软件分析

根据任务要求列出程序框图，主程序框图如图 10-2 所示。

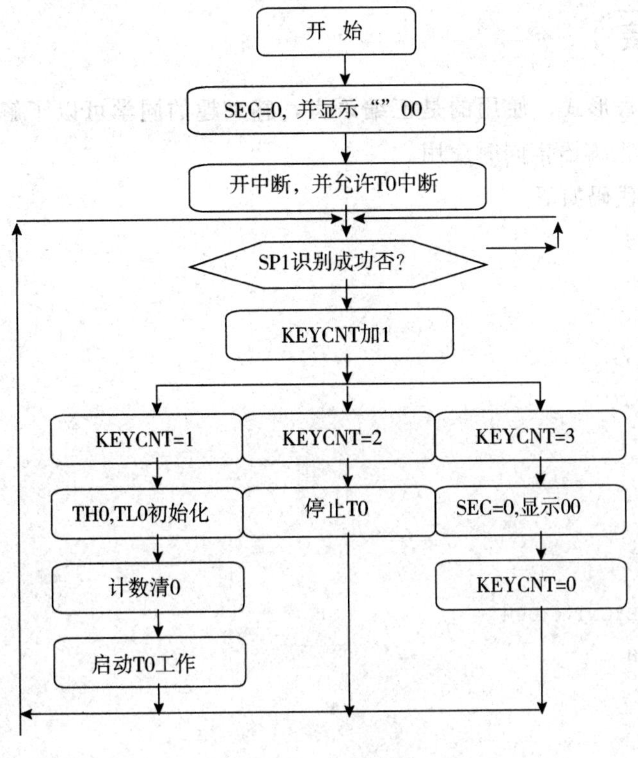

图 10-2 主程序图

T0 中断服务程序框图如图 10-3 所示。

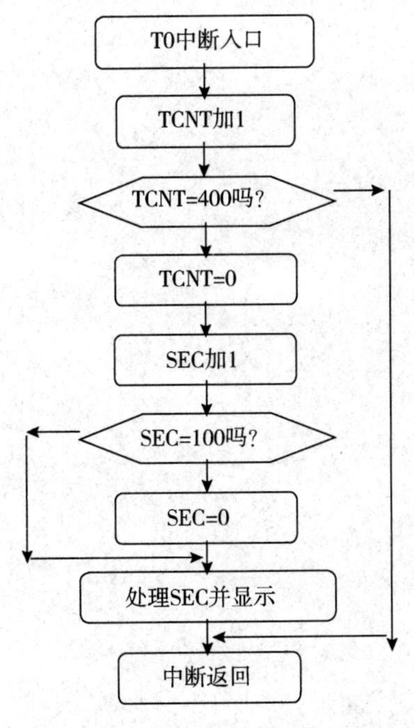

图 10-3 T0 中断服务程序框图

知识链接

还有一种编程形式，使用的是汇编语言，感兴趣的同学可以了解一下，目前编程趋势是 C 语言加汇编语言同时使用。

汇编源程序代码如下。

```
TCNTA EQU 30H
TCNTB EQU 31H
SEC EQU 32H
KEYCNT EQU 33H
SP1 BIT P3.5
ORG 00H
LJMP START
ORG 0BH
LJMP INT_T0
START: MOV KEYCNT,# 00H
MOV SEC,# 00H
MOV A,SEC
MOV B,# 10
DIV AB
MOV DPTR,# TABLE
MOVC A,@ A+ DPTR
MOV P0,A
MOV A,B
MOV DPTR,# TABLE
MOVC A,@ A+ DPTR
MOV P2,A
MOV TMOD,# 02H
SETB ET0
SETB EA
WT: JB SP1,WT
LCALL DELY10MS
JB SP1,WT
INC KEYCNT
MOV A,KEYCNT
CJNE A,# 01H,KN1
SETB TR0
MOV TH0,# 06H
MOV TL0,# 06H
```

```
MOV TCNTA,# 00H
MOV TCNTB,# 00H
LJMP DKN
KN1: CJNE A,# 02H,KN2
CLR TR0
LJMP DKN
KN2: CJNE A,# 03H,DKN
MOV SEC,# 00H
MOV A,SEC
MOV B,# 10
DIV AB
MOV DPTR,# TABLE
MOVC A,@ A+ DPTR
MOV P0,A
MOV A,B
MOV DPTR,# TABLE
MOVC A,@ A+ DPTR
MOV P2,A
MOV KEYCNT,# 00H
DKN: JNB SP1,$
LJMP WT
DELY10MS:
MOV R6,# 20
D1: MOV R7,# 248
DJNZ R7,$
DJNZ R6,D1
RET
INT_T0:
INC TCNTA
MOV A,TCNTA
CJNE A,# 100,NEXT
MOV TCNTA,# 00H
INC TCNTB
MOV A,TCNTB
CJNE A,# 4,NEXT
MOV TCNTB,# 00H
INC SEC
MOV A,SEC
CJNE A,# 100,DONE
```

```
MOV SEC,# 00H
DONE: MOV A,SEC
MOV B,# 10
DIV AB
MOV DPTR,# TABLE
MOVC A,@ A+ DPTR
MOV P0,A
MOV A,B
MOV DPTR,# TABLE
MOVC A,@ A+ DPTR
MOV P2,A
NEXT: RETI
TABLE: DB 3FH,06H,5BH,4FH,66H,6DH,7DH,07H,7FH,6FH
END
```

任务实施

（1）绘制出电路原理图。

（2）根据下列参考程序编写出正确的程序。

（3）运用仿真软件最终仿真出结果。

C语言源程序代码如下。

```
# include < AT89X51. H>
unsigned char code dispcode[]= {0x3f,0x06,0x5b,0x4f,
0x66,0x6d,0x7d,0x07,
0x7f,0x6f,0x77,0x7c,
0x39,0x5e,0x79,0x71,0x00};
unsigned char second;
unsigned char keycnt;
unsigned int tcnt;

void main(void)
{
unsigned char i,j;

TMOD= 0x02;
ET0= 1;
EA= 1;
second= 0;
P0= dispcode[second/10];
```

```
P2= dispcode[second% 10];
while(1)
{
if(P3_5= = 0)
{
for(i= 20;i> 0;i- - )
for(j= 248;j> 0;j- - );
if(P3_5= = 0)
{
keycnt+ + ;
switch(keycnt)
{
case 1:
TH0= 0x06;
TL0= 0x06;
TR0= 1;
break;
case 2:
TR0= 0;
break;
case 3:
keycnt= 0;
second= 0;
P0= dispcode[second/10];
P2= dispcode[second% 10];
break;
}
while(P3_5= = 0);
}
}
}
}

v oid t0(void) interrupt 1 using 0
{
tcnt+ + ;
if(tcnt= = 400)
{
tcnt= 0;
```

```
second+ + ;
if(second= = 100)
{
second= 0;
}
P0= dispcode[second/10];
P2= dispcode[second% 10];
}
}
```

任务2　警笛

用AT89S51单片机产生“嘀、嘀、…”报警声从P1.0端口输出，产生频率为1KHz，根据上面图可知：1KHZ方波从P1.0输出0.2秒，接着0.2秒从P1.0输出电平信号，如此循环下去，就形成我们所需的报警声了。

1. 硬件电路分析

系统板硬件连线如图10-4所示。

(1) 把“单片机系统”区域中的P1.0端口用导线连接到“音频放大模块”区域中的SPK IN端口上。

(2) 在“音频放大模块”区域中的SPK OUT端口上接上一个8欧或者是16欧的喇叭。

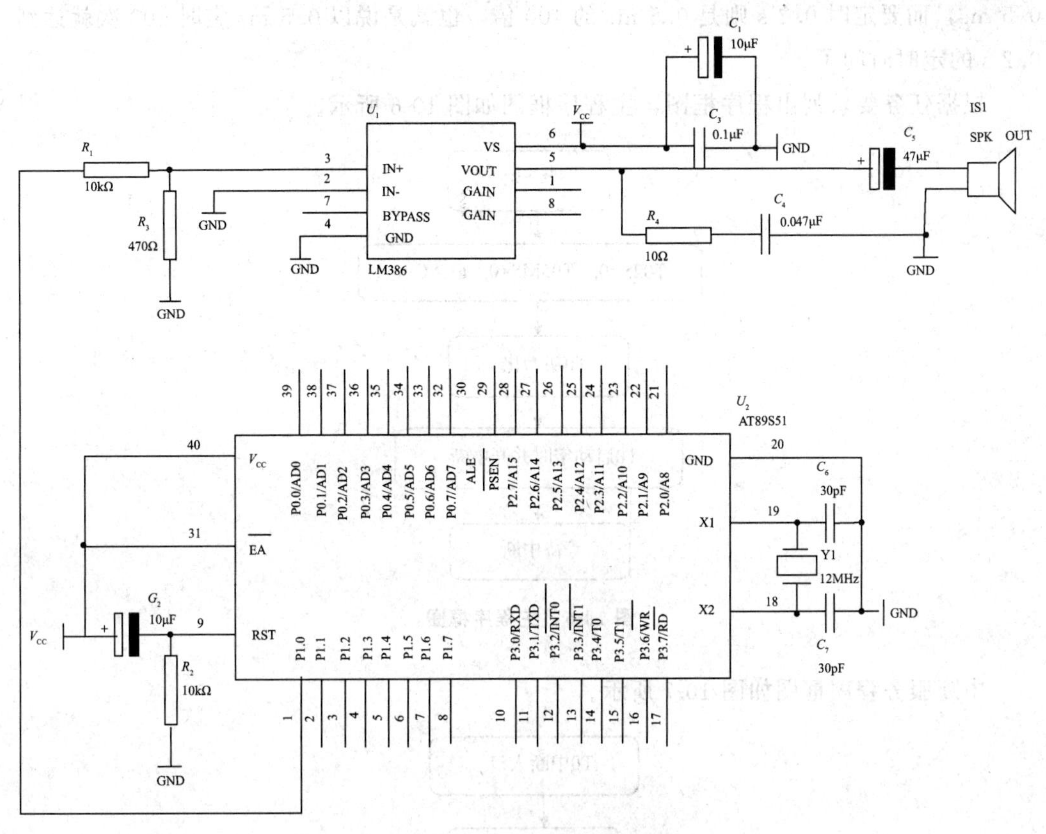

图 10-4　系统板硬件连线

2. 软件程序分析

（1）生活中我们常常到各种各样的报警声，例如“嘀、嘀、…”就是常见的一种声音报警声，但对于这种报警声，嘀 0.2 s，然后断 0.2 s，如此循环下去，假设嘀声的频率为 1kHz，则报警声时序图如图 10-5 所示。

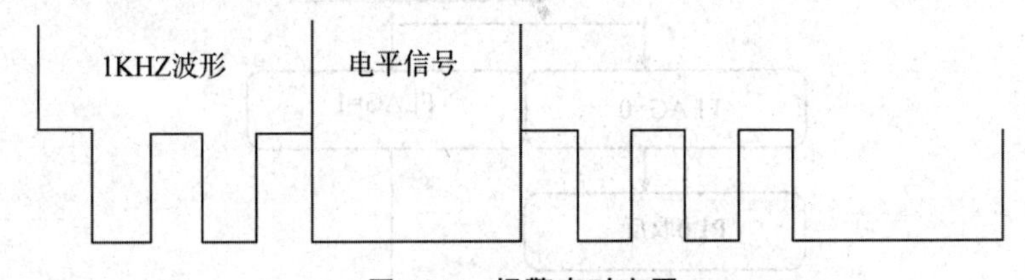

图 10-5　报警声时序图

（2）由于要产生上面的信号，我们把上面的信号分成两部分，一部分为 1kHz 方波，占用时间为 0.2 s；另一部分为电平，也是占用 0.2 s；因此，我们利用单片机的定时/计数器 T0 作为定时，可以定时 0.2 s；同时，也要用单片机产生 1kHz 的方波，对于 1kHz 的方波信号周期为 1 ms，高电平占用 0.5 ms，低电平占用 0.5 ms，因此也采用定时器 T0 来完成 0.5 ms 的定时；最后，可以选定定时/计数器 T0 的定时时间为

0.5 ms，而要定时 0.2 s 则是 0.5 ms 的 400 倍，也就是说以 0.5 ms 定时 400 次就达到 0.2 s 的定时时间了。

根据任务要求列出程序框图，主程序框图如图 10-6 所示。

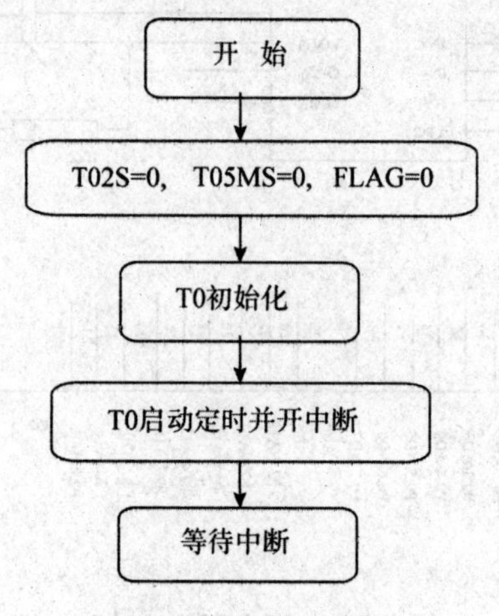

图 10-6 主程序框图

中断服务程序框图如图 10-7 所示。

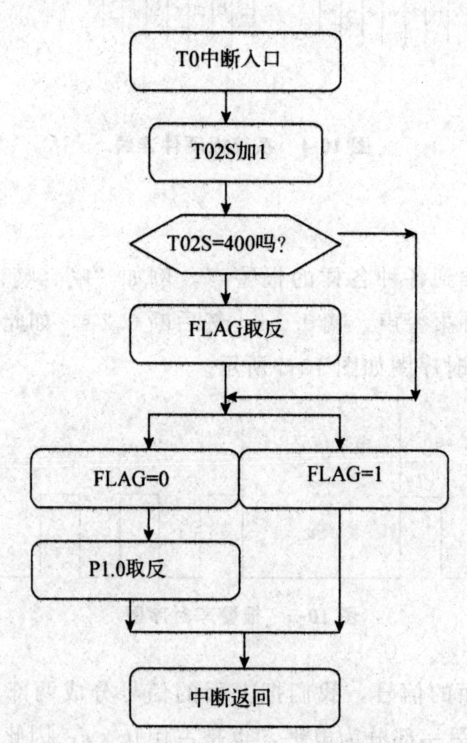

图 10-7 中断服务程序框图

知识链接

还有一种编程形式，使用的是汇编语言，感兴趣的同学可以了解一下，目前编程趋势是 C 语言加汇编语言同时使用。

汇编源程序

```
T02SA EQU 30H
T02SB EQU 31H
FLAG BIT 00H
ORG 00H
LJMP START
ORG 0BH
LJMP INT_T0
START: MOV T02SA,# 00H
MOV T02SB,# 00H
CLR FLAG
MOV TMOD,# 01H
MOV TH0,# (65536- 500) / 256
MOV TL0,# (65536- 500) MOD 256
SETB TR0
SETB ET0
SETB EA
SJMP $
INT_T0:
MOV TH0,# (65536- 500) / 256
MOV TL0,# (65536- 500) MOD 256
INC T02SA
MOV A,T02SA
CJNE A,# 100,NEXT
INC T02SB
MOV A,T02SB
CJNE A,# 04H,NEXT
MOV T02SA,# 00H
MOV T02SB,# 00H
CPL FLAG
NEXT: JB FLAG,DONE
CPL P1. 0
DONE: RETI
END
```

任务实施

（1）绘制出电路原理图。

（2）根据下列参考程序编写出正确的程序。

（3）运用仿真软件最终仿真出结果。

C 语言源程序代码如下。

```
# include < AT89X51.H>
unsigned int t02s;
unsigned char t05ms;
bit flag;
void main(void)
{
TMOD= 0x01;
TH0= (65536- 500)/256;
TL0= (65536- 500)% 256;
TR0= 1;
ET0= 1;
EA= 1;
while(1);
}

v oid t0(void) interrupt 1 using 0
{
TH0= (65536- 500)/256;
TL0= (65536- 500)% 256;
t02s+ + ;
if(t02s= = 400)
{
t02s= 0;
flag= ~ flag;
}
if(flag= = 0)
{
P1_0= ~ P1_0;
}
}
```

任务3　“叮咚”门铃

提出任务

当按下开关 SP1，AT89S51 单片机产生“叮咚”声从 P1.0 端口输出到 LM386，经过放大之后送入喇叭。

任务分析

1. 硬件电路分析

系统板上硬件连线如图 10-8 所示。

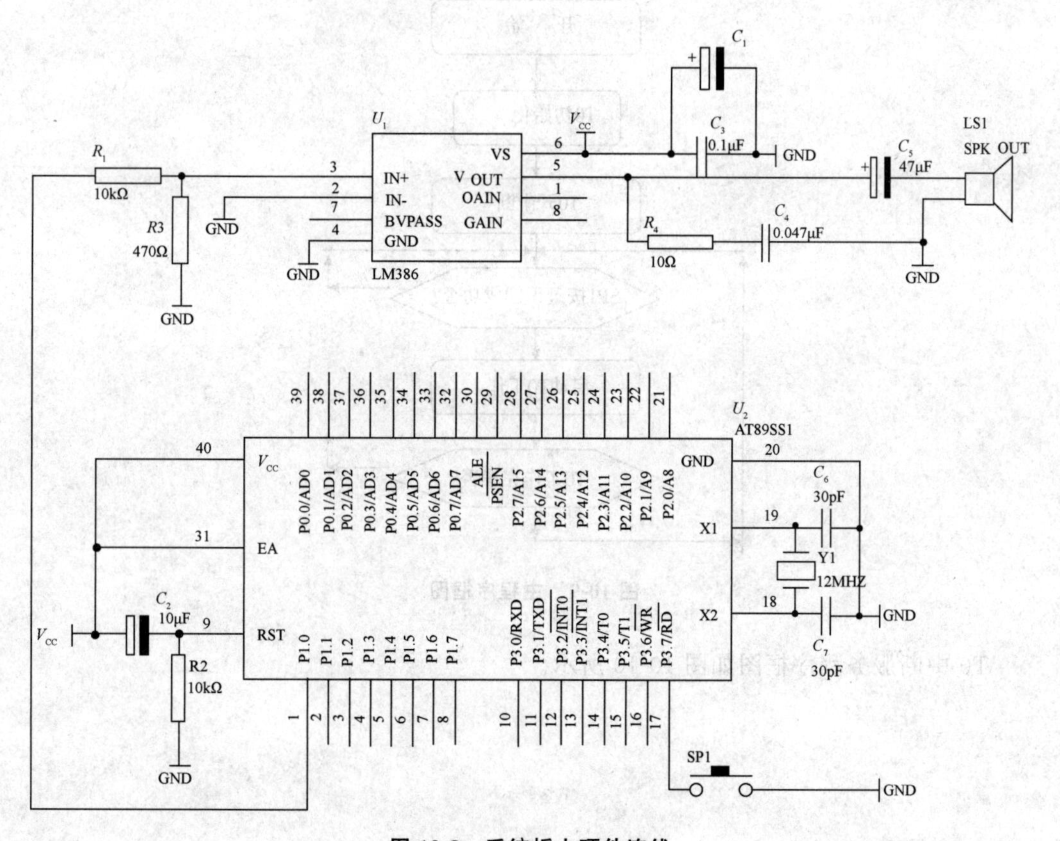

图 10-8　系统板上硬件连线

(1) 把“单片机系统”区域中的 P1.0 端口用导线连接到“音频放大模块”区域中的 SPK IN 端口上；

(2) 在“音频放大模块”区域中的 SPK OUT 端口上接上一个 8 欧或者是 16 欧的喇叭;

(3) 把“单片机系统”区域中的 P3.7/RD 端口用导线连接到“独立式键盘”区域中的 SP1 端口上;

2. 软件设计分析

(1) 用单片机实定时/计数器 T0 来产生 700 HZ 和 500 HZ 的频率,根据定时/计数器 T0,我们取定时 250 us,因此,700 HZ 的频率要经过 3 次 250 us 的定时,而 500 HZ 的频率要经过 4 次 250 us 的定时。

(2) 在设计过程,只有当按下 SP1 之后,才启动 T0 开始工作,当 T0 工作完毕,回到最初状态。

(3) “叮”和“咚”声音各占用 0.5 s,因此定时/计数器 T0 要完成 0.5 s 的定时,对于以 250 us 为基准定时 2000 次才可以。

主程序框图如图 10-9 所示。

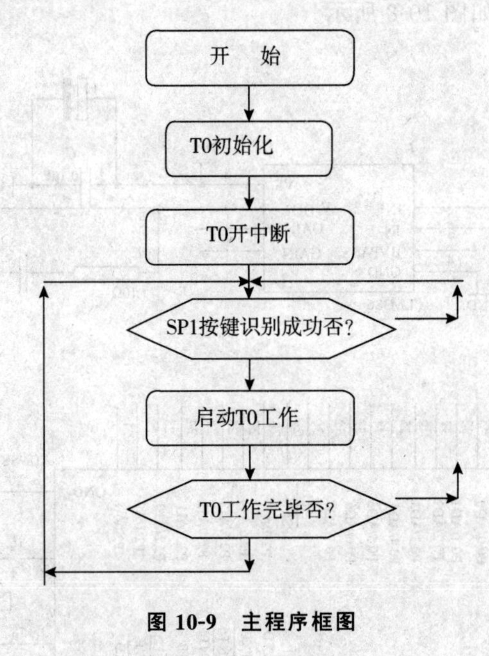

图 10-9　主程序框图

T0 中断服务程序框图如图 10-10 所示。

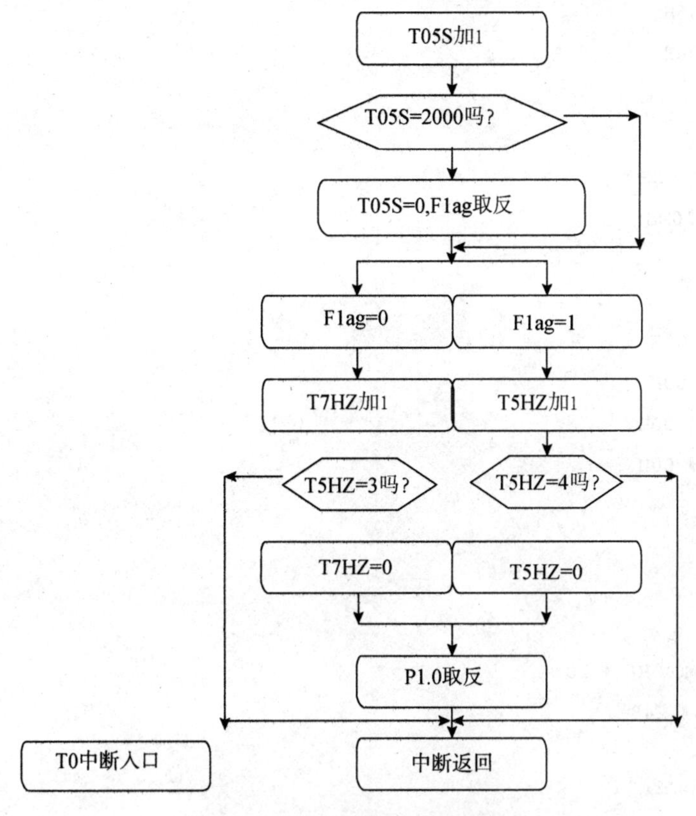

图 10-10　T0 中断服务程序框图

知识链接

还有一种编程形式，使用的是汇编语言，感兴趣的同学可以了解一下，目前编程趋势是 C 语言加汇编语言同时使用。

汇编源程序代码如下。

```
T5HZ EQU 30H
T7HZ EQU 31H
T05SA EQU 32H
T05SB EQU 33H
FLAG BIT 00H
STOP BIT 01H
SP1 BIT P3.7
ORG 00H
LJMP START
ORG 0BH
LJMP INT_T0
START: MOV TMOD,# 02H
```

```
MOV TH0,# 06H
MOV TL0,# 06H
SETB ET0
SETB EA
NSP: JB SP1,NSP
LCALL DELY10MS
JB SP1,NSP
SETB TR0
MOV T5HZ,# 00H
MOV T7HZ,# 00H
MOV T05SA,# 00H
MOV T05SB,# 00H
CLR FLAG
CLR STOP
JNB STOP,$
LJMP NSP
DELY10MS: MOV R6,# 20
D1: MOV R7,# 248
DJNZ R7,$
DJNZ R6,D1
RET
INT_T0: INC T05SA
MOV A,T05SA
CJNE A,# 100,NEXT
MOV T05SA,# 00H
INC T05SB
MOV A,T05SB
CJNE A,# 20,NEXT
MOV T05SB,# 00H
JB FLAG,STP
CPL FLAG
LJMP NEXT
STP: SETB STOP
CLR TR0
LJMP DONE
NEXT: JB FLAG,S5HZ
INC T7HZ
MOV A,T7HZ
CJNE A,# 03H,DONE
```

```
MOV T7HZ,# 00H
CPL P1.0
LJMP DONE
S5HZ: INC T5HZ
MOV A,T5HZ
CJNE A,# 04H,DONE
MOV T5HZ,# 00H
CPL P1.0
LJMP DONE
DONE: RETI
END
```

任务实施

（1）绘制出电路原理图。

（2）根据下列参考程序编写出正确的程序。

（3）运用仿真软件最终仿真出结果。

C 语言源程序代码如下。

```
# include < AT89X51.H>
unsigned char t5hz;
unsigned char t7hz;
unsigned int tcnt;

bit stop;
bit flag;

void main(void)
{
unsigned char i,j;
TMOD= 0x02;
TH0= 0x06;
TL0= 0x06;
ET0= 1;
EA= 1;

while(1)
{
if(P3_7= = 0)
{
```

```
for(i= 10;i> 0;i- - )
for(j= 248;j> 0;j- - );
if(P3_7= = 0)
{
t5hz= 0;
t7hz= 0;
tcnt= 0;
flag= 0;
stop= 0;
TR0= 1;
while(stop= = 0);
}
}
}
}
void t0(void) interrupt 1 using 0
{
tcnt+ + ;
if(tcnt= = 2000)
{
tcnt= 0;
if(flag= = 0)
{
flag= ~ flag;
}
else
{
stop= 1;
TR0= 0;
}
}
if(flag= = 0)
{
t7hz+ + ;
if(t7hz= = 3)
{
t7hz= 0;
P1_0= ~ P1_0;
}
```

```
}
Else
{
t5hz+ + ;
if(t5hz= = 4)
{
t5hz= 0;
P1_0= ~ P1_0;
}
}
}
```

项目习题

1. 考虑一下改用其他中断方式是否可以？
2. 按照实际仿真情况完成实训室工单。

项目 11　电子密码锁设计

知识目标

- 掌握单片机三大功能；
- 了解密码锁工作原理；
- 掌握相关控制命令字与寄存器。

能力目标

- 能进行硬件电路搭建；
- 能对应程序进行编写；
- 能进行项目系统调试。

任务 1　简易密码锁设计

提出任务

根据设定好的密码，采用二个按键实现密码的输入功能，当密码输入正确之后，锁就打开，如果输入的三次的密码不正确，就锁定按键 3 秒钟，同时发现报警声，直到没有按键按下 3 种后，才打开按键锁定功能；否则在 3 秒钟内仍有按键按下，就重新锁定按键 3 秒时间并报警。

任务分析

1. 硬件分析

(1) 把“单片机系统”区域中的 P0.0/AD0 用导线连接到“音频放大模块”区域中的 SPK IN 端子上。

（2）把“音频放大模块”区域中的SPK OUT端子接喇叭。

（3）把“单片机系统”区域中的P2.0/A8－P2.7/A15用8芯排线连接到“四路静态数码显示”区域中的任一个ABCDEFGH端子上；

（4）把“单片机系统“区域中的P1.0用导线连接到“八路发光二极管模块”区域中的L1端子上。

（5）把“单片机系统”区域中的P3.6/WR、P3.7/RD用导线连接到“独立式键盘”区域中的SP1和SP2端子上。

简易密码锁硬件电路图如图11-1所示。

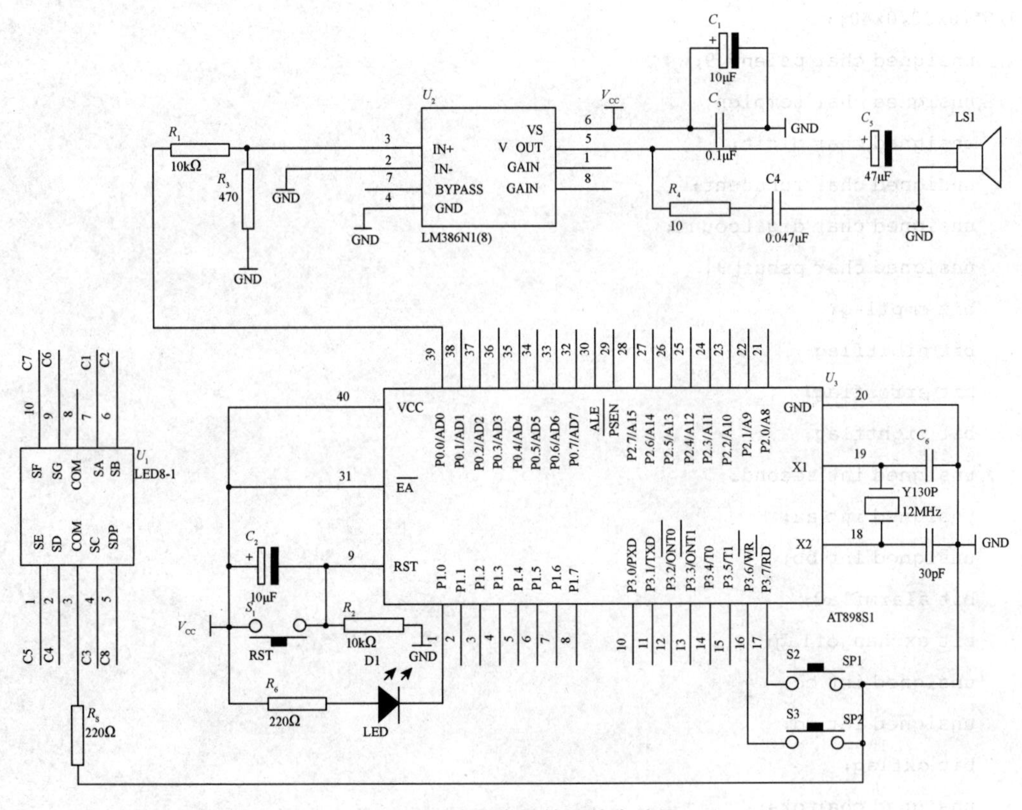

图11-1　简易密码锁硬件电路图

2. 软件分析

（1）密码的设定，在此程序中密码是固定在程序存储器ROM中，假设预设的密码为“12345”共5位密码。

（2）密码的输入问题。由于采用两个按键来完成密码的输入，那么其中一个按键为功能键，另一个按键为数字键。在输入过程中，首先输入密码的长度，接着根据密码的长度输入密码的位数，直到所有长度的密码都已经输入完毕；或者输入确认功能键之后，才能完成密码的输入过程。进入密码的判断比较处理状态并给出相应的处理过程。

（3）按键禁止功能。初始化时，是允许按键输入密码，当有按键按下并开始进入按键识别状态时，按键禁止功能被激活，但启动的状态在 3 次密码输入不正确的情况下发生的。

3. 源程序编程

源程序代码如下。

```
#include < AT89X52.H>
unsigned char code ps[]= {1,2,3,4,5};
unsigned char code dispcode[]= {0x3f,0x06,0x5b,0x4f,0x66,0x6d,0x7d,0x07,0x7f,
0x6f,0x00,0x40};
unsigned char pslen= 9;
unsigned char templen;
unsigned char digit;
unsigned char funcount;
unsigned char digitcount;
unsigned char psbuf[9];
bit cmpflag;
bit hibitflag;
bit errorflag;
bit rightflag;
unsigned int second3;
unsigned int aa;
unsigned int bb;
bit alarmflag;
bit exchangeflag;
unsigned int cc;
unsigned int dd;
bit okflag;
unsigned char oka;
unsigned char okb;

void main(void)
{
unsigned char i,j;
P2= dispcode[digitcount];
TMOD= 0x01;
TH0= (65536- 500)/256;
TL0= (65536- 500)% 256;
TR0= 1;
```

```
ET0= 1;
EA= 1;

while(1)
{
if(cmpflag= = 0)
{
if(P3_6= = 0)                        //function key
{
for(i= 10;i> 0;i- - )
for(j= 248;j> 0;j- - );
if(P3_6= = 0)
{
if(hibitflag= = 0)
{
funcount+ + ;
if(funcount= = pslen+ 2)
{
funcount= 0;
cmpflag= 1;
}
P1= dispcode[funcount];
}
Else
{
second3= 0;
}
while(P3_6= = 0);
}
}

if(P3_7= = 0)                        //digit key
{
for(i= 10;i> 0;i- - )
for(j= 248;j> 0;j- - );
if(P3_7= = 0)
{
if(hibitflag= = 0)
{
```

```
digitcount+ + ;
if(digitcount= = 10)
{
digitcount= 0;
}
P2= dispcode[digitcount];
if(funcount= = 1)
{
pslen= digitcount;
templen= pslen;
}
else if(funcount> 1)
{
psbuf[funcount- 2]= digitcount;
}
}
Else
{
second3= 0;
}
while(P3_7= = 0);
}
}
}
Else
{
cmpflag= 0;
for(i= 0;i< pslen;i+ + )
{
if(ps[i]! = psbuf[i])
{
hibitflag= 1;
i= pslen;
errorflag= 1;
rightflag= 0;
cmpflag= 0;
second3= 0;
goto a;
}
```

```
}
cc= 0;
errorflag= 0;
rightflag= 1;
hibitflag= 0;
a: cmpflag= 0;
}
}
}

void t0(void) interrupt 1 using 0
{
TH0= (65536- 500)/256;
TL0= (65536- 500)% 256;

if((errorflag= = 1) && (rightflag= = 0))
{
bb+ + ;
if(bb= = 800)
{
bb= 0;
alarmflag= ~ alarmflag;
}
if(alarmflag= = 1)
{
P0_0= ~ P0_0;
}

aa+ + ;
if(aa= = 800)
{
aa= 0;
P0_1= ~ P0_1;
}
second3+ + ;
if(second3= = 6400)
{
second3= 0;
hibitflag= 0;
```

```
errorflag= 0;
rightflag= 0;
cmpflag= 0;
P0_1= 1;
alarmflag= 0;
bb= 0;
aa= 0;
}
}

if((errorflag= = 0) && (rightflag= = 1))
{
P0_1= 0;
cc+ + ;
if(cc< 1000)
{
okflag= 1;
}
else if(cc< 2000)
{
okflag= 0;
}
Else
{
errorflag= 0;
rightflag= 0;
hibitflag= 0;
cmpflag= 0;
P0_1= 1;
cc= 0;
oka= 0;
okb= 0;
okflag= 0;
P0_0= 1;
}
if(okflag= = 1)
{
oka+ + ;
if(oka= = 2)
```

```
{
oka= 0;
P0_0= ~ P0_0;
}
}
Else
{
okb+ + ;
if(okb= = 3)
{
okb= 0;
P0_0= ~P0_0;
}
}
}
}
```

任务 2　4×4 键盘及 8 位数码管显示构成的电子密码锁

提出任务

用 4×4 组成 0－9 数字键及确认键。

用 8 位数码管组成显示电路提示信息，当输入密码时，只显示“8.”，当密码位数输入完毕按下确认键时，对输入的密码与设定的密码进行比较，若密码正确，则门开，此处用 LED 发光二极管亮一秒钟做为提示，同时发出“叮咚”声；若密码不正确，禁止按键输入 3 秒，同时发出“嘀、嘀”报警声；若在 3 秒之内仍有按键按下，则禁止按键输入 3 秒被重新禁止。

任务分析

1. 硬件分析

自行绘制电路原理图：

(1) 把“单片机系统”区域中的 P0.0－P0.7 用 8 芯排线连接到“动态数码显示”区域中的 ABCDEFGH 端子上。

（2）把“单片机系统“区域中的 P2.0－P2.7 用 8 芯排线连接到“动态数码显示”区域中的 S1S2S3S4S5S6S7S8 端子上。

（3）把“单片机系统”区域中的 P3.0－P3.7 用 8 芯排线连接到“4×4 行列式键盘”区域中的 R1R2R3R4C1C2C3C4 端子上。

（4）把“单片机系统”区域中的 P1.0 用导线连接到“八路发光二极管模块”区域中的 L2 端子上。

（5）把“单片机系统”区域中的 P1.7 用导线连接到“音频放大模块”区域中的 SPK IN 端子上。

（6）把“音频放大模块”区域中的 SPK OUT 接到喇叭上。

2. 软件分析

（1）4×4 行列式键盘识别技术：有关这方面内容前面已经讨论过，这里不再重复。

（2）8 位数码显示，初始化时，显示“P”，接着输入最大 6 位数的密码，当密码输入完后，按下确认键，进行密码比较，然后给出相应的信息。在输入密码过程中，显示器只显示“8.”。当数字输入超过 6 个时，给出报警信息。在密码输入过程中，若输入错误，可以利用“DEL”键删除刚才输入的错误的数字。

（3）4×4 行列式键盘的按键功能分布图如图 11-2 所示．

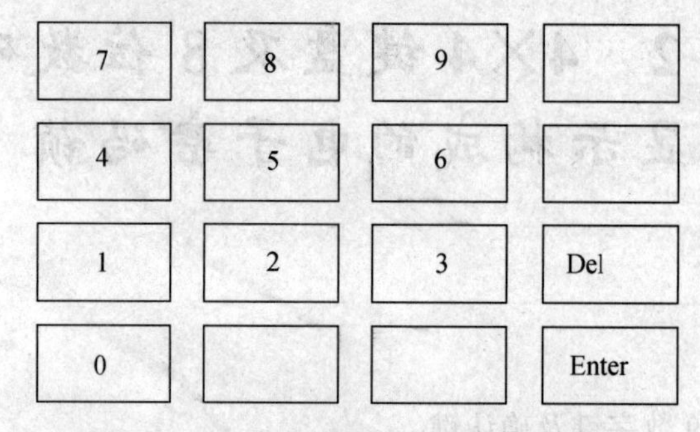

图 11-2　4×4 行列式键盘的按键功能分布图

3. 源程序编写

源程序代码如下。

```
# include < AT89X52.H>
unsigned char ps[]= {1,2,3,4,5};
unsigned char code dispbit[]= {0xfe,0xfd,0xfb,0xf7,
0xef,0xdf,0xbf,0x7f};
unsigned char code dispcode[]= {0x3f,0x06,0x5b,0x4f,0x66,
0x6d,0x7d,0x07,0x7f,0x6f,
0x77,0x7c,0x39,0x5e,0x79,0x71,
0x00,0x40,0x73,0xff};
unsigned char dispbuf[8]= {18,16,16,16,16,16,16,16};
```

```
unsigned char dispcount;
unsigned char flashcount;
unsigned char temp;
unsigned char key;
unsigned char keycount;
unsigned char pslen= 5;
unsigned char getps[6];
bit keyoverflag;
bit errorflag;
bit rightflag;
unsigned int second3;
unsigned int aa,bb;
unsigned int cc;
bit okflag;
bit alarmflag;
bit hibitflag;
unsigned char oka,okb;

void main(void)
{
unsigned char i,j;

TMOD= 0x01;
TH0= (65536- 500)/256;
TL0= (65536- 500)% 256;
TR0= 1;
ET0= 1;
EA= 1;

while(1)
{
P3= 0xff;
P3_4= 0;
temp= P3;
temp= temp & 0x0f;
if (temp! = 0x0f)
{
for(i= 10;i> 0;i- - )
for(j= 248;j> 0;j- - );
```

```
temp= P3;
temp= temp & 0x0f;
if (temp! = 0x0f)
{
temp= P3;
temp= temp & 0x0f;
switch(temp)
{
case 0x0e:
key= 7;
break;
case 0x0d:
key= 8;
break;
case 0x0b:
key= 9;
break;
case 0x07:
key= 10;
break;
}
temp= P3;
P1_1= ~ P1_1;
if((key> = 0) && (key< 10))
{
if(keycount< 6)
{
getps[keycount]= key;
dispbuf[keycount+ 2]= 19;
}
keycount+ + ;
if(keycount= = 6)
{
keycount= 6;
}
else if(keycount> 6)
{
keycount= 6;
keyoverflag= 1;                         // key overflow
```

```
}
}
else if(key= = 12)                    //delete key
{
if(keycount> 0)
{
keycount- - ;
getps[keycount]= 0;
dispbuf[keycount+ 2]= 16;
}
else
{
keyoverflag= 1;
}
}
else if(key= = 15)                    //enter key
{
if(keycount! = pslen)
{
errorflag= 1;
rightflag= 0;
second3= 0;
}
else
{
for(i= 0;i< keycount;i+ + )
{
if(getps[i]! = ps[i])
{
i= keycount;
errorflag= 1;
rightflag= 0;
second3= 0;
goto a;
}
}
errorflag= 0;
rightflag= 1;
a: i= keycount;
```

```
}
}
temp= temp & 0x0f;
while(temp! = 0x0f)
{
temp= P3;
temp= temp & 0x0f;
}
keyoverflag= 0;                         //?????????
}
}
P3= 0xff;
P3_5= 0;
temp= P3;
temp= temp & 0x0f;
if (temp! = 0x0f)
{
for(i= 10;i> 0;i- - )
for(j= 248;j> 0;j- - );
temp= P3;
temp= temp & 0x0f;
if (temp! = 0x0f)
{
temp= P3;
temp= temp & 0x0f;
switch(temp)
{
case 0x0e:
key= 4;
break;
case 0x0d:
key= 5;
break;
case 0x0b:
key= 6;
break;
case 0x07:
key= 11;
break;
```

```
}
temp= P3;
P1_1= ~ P1_1;
if((key> = 0) && (key< 10))
{
if(keycount< 6)
{
getps[keycount]= key;
dispbuf[keycount+ 2]= 19;
}
keycount+ + ;
if(keycount= = 6)
{
keycount= 6;
}
else if(keycount> 6)
{
keycount= 6;
keyoverflag= 1;                    //key overflow
}
}
else if(key= = 12)                 //delete key
{
if(keycount> 0)
{
keycount- - ;
getps[keycount]= 0;
dispbuf[keycount+ 2]= 16;
}
else
{
keyoverflag= 1;
}
}
else if(key= = 15)                 //enter key
{
if(keycount! = pslen)
{
errorflag= 1;
```

```
rightflag= 0;
second3= 0;
}
else
{
for(i= 0;i< keycount;i+ + )
{
if(getps[i]! = ps[i])
{
i= keycount;
errorflag= 1;
rightflag= 0;
second3= 0;
goto a4;
}
}
errorflag= 0;
rightflag= 1;
a4: i= keycount;
}
}
temp= temp & 0x0f;
while(temp! = 0x0f)
{
temp= P3;
temp= temp & 0x0f;
}
keyoverflag= 0;                    //?????????
}
}

P 3= 0xff;
P3_6= 0;
temp= P3;
temp= temp & 0x0f;
if (temp! = 0x0f)
{
for(i= 10;i> 0;i- - )
for(j= 248;j> 0;j- - );
```

```
temp= P3;
temp= temp & 0x0f;
if (temp! = 0x0f)
{
temp= P3;
temp= temp & 0x0f;
switch(temp)
{
case 0x0e:
key= 1;
break;
case 0x0d:
key= 2;
break;
case 0x0b:
key= 3;
break;
case 0x07:
key= 12;
break;
}
temp= P3;
P1_1= ~ P1_1;
if((key> = 0) && (key< 10))
{
if(keycount< 6)
{
getps[keycount]= key;
dispbuf[keycount+ 2]= 19;
}
keycount+ + ;
if(keycount= = 6)
{
keycount= 6;
}
else if(keycount> 6)
{
keycount= 6;
keyoverflag= 1;                        //key overflow
```

```
}
}
else if(key= = 12)                          //delete key
{
if(keycount> 0)
{
keycount- - ;
getps[keycount]= 0;
dispbuf[keycount+ 2]= 16;
}
else
{
keyoverflag= 1;
}
}
else if(key= = 15)                          //enter key
{
if(keycount! = pslen)
{
errorflag= 1;
rightflag= 0;
second3= 0;
}
else
{
for(i= 0;i< keycount;i+ + )
{
if(getps[i]! = ps[i])
{
i= keycount;
errorflag= 1;
rightflag= 0;
second3= 0;
goto a3;
}
}
errorflag= 0;
rightflag= 1;
a3: i= keycount;
```

```
}
}
temp= temp & 0x0f;
while(temp! = 0x0f)
{
temp= P3;
temp= temp & 0x0f;
}
keyoverflag= 0;                          //?????????
}
}

P 3= 0xff;
P3_7= 0;
temp= P3;
temp= temp & 0x0f;
if (temp! = 0x0f)
{
for(i= 10;i> 0;i- - )
for(j= 248;j> 0;j- - );
temp= P3;
temp= temp & 0x0f;
if (temp! = 0x0f)
{
temp= P3;
temp= temp & 0x0f;
switch(temp)
{
case 0x0e:
key= 0;
break;
case 0x0d:
key= 13;
break;
case 0x0b:
key= 14;
break;
case 0x07:
key= 15;
```

```
break;
}
temp= P3;
P1_1= ~ P1_1;
if((key> = 0) && (key< 10))
{
if(keycount< 6)
{
getps[keycount]= key;
dispbuf[keycount+ 2]= 19;
}
keycount+ + ;
if(keycount= = 6)
{
keycount= 6;
}
else if(keycount> 6)
{
keycount= 6;
keyoverflag= 1;                    //key overflow
}
}
else if(key= = 12)                 //delete key
{
if(keycount> 0)
{
keycount- - ;
getps[keycount]= 0;
dispbuf[keycount+ 2]= 16;
}
else
{
keyoverflag= 1;
}
}
else if(key= = 15)                 //enter key
{
if(keycount! = pslen)
{
```

```
errorflag= 1;
rightflag= 0;
second3= 0;
}
else
{
for(i= 0;i< keycount;i+ + )
{
if(getps[i]! = ps[i])
{
i= keycount;
errorflag= 1;
rightflag= 0;
second3= 0;
goto a2;
}
}
errorflag= 0;
rightflag= 1;
a2: i= keycount;
}
}
temp= temp & 0x0f;
while(temp! = 0x0f)
{
temp= P3;
temp= temp & 0x0f;
}
keyoverflag= 0;                    //?????????
}
}
}
}
void t0(void) interrupt 1 using 0
{
TH0= (65536- 500)/256;
TL0= (65536- 500)% 256;

f lashcount+ + ;
```

```
if(flashcount= = 8)
{
flashcount= 0;
P0= dispcode[dispbuf[dispcount]];
P2= dispbit[dispcount];
dispcount+ + ;
if(dispcount= = 8)
{
dispcount= 0;
}
}

i f((errorflag= = 1) && (rightflag= = 0))
{
bb+ + ;
if(bb= = 800)
{
bb= 0;
alarmflag= ~ alarmflag;
}
if(alarmflag= = 1)                    //sound alarm signal
{
P1_7= ~ P1_7;
}

a a+ + ;
if(aa= = 800)                         //light alarm signal
{
aa= 0;
P1_0= ~ P1_0;
}
second3+ + ;
if(second3= = 6400)
{
second3= 0;
errorflag= 0;
rightflag= 0;
alarmflag= 0;
bb= 0;
```

```
aa= 0;
}
}
else if((errorflag= = 0) && (rightflag= = 1))
{
P1_0= 0;
cc+ + ;
if(cc< 1000)
{
okflag= 1;
}
else if(cc< 2000)
{
okflag= 0;
}
else
{
errorflag= 0;
rightflag= 0;
P1_7= 1;
cc= 0;
oka= 0;
okb= 0;
okflag= 0;
P1_0= 1;
}
if(okflag= = 1)
{
oka+ + ;
if(oka= = 2)
{
oka= 0;
P1_7= ~ P1_7;
}
}
else
{
okb+ + ;
if(okb= = 3)
```

```
{
okb= 0;
P1_7= ~ P1_7;
}
}
}

i f(keyoverflag= = 1)
{
P1_7= ~ P1_7;
}
}
```

项目习题

1. 理解参考程序并仿真出任务所要求的结果，想想按键识别程序在哪？把它圈出来。

2. 根据实际仿真结果完成实训工单。

参考文献

[1] 李红霞，周延，易丽萍．单片机原理［M］．长春：吉林大学出版社，2017.

[2] 李红霞，易丽萍，周延．单片机实战训练［M］．长春：吉林大学出版社，2017.

[3] 李丽，骆小媛，江国龙．PLC应用基础与实训［M］．北京：北京希望电子出版社，2017.

[4] 徐涓基，魏全盛．单片机项目实训［M］．北京：北京希望电子出版社，2018.

[5] 张毅刚．单片机原理及接口技术［M］．北京：人民邮电出版社，2016.

[6] 林立．单片机原理及应用——基于Proteus和Keil C［M］．北京：电子工业出版社，2018.

[7] 丁向荣，陈崇辉．单片机原理与应用［M］．北京：清华大学出版社，2015.

[8] 唐敏．单片机原理与应用（C语言版）［M］．北京：电子工业出版社，2014.

[9] 张迎新．单片机原理及应用［M］．北京：电子工业出版社，2017.

[10] 项新建．单片机原理与应用［M］．北京：机械工业出版社，2017.